NHK
趣味の園芸

12か月
栽培ナビ

つるバラ

後藤みどり
Goto Midori

写真:'ブラン・ピエール・ドゥ・ロンサール'(撮影:今井秀治)

12か月
栽培ナビ
Climbing Rose

目次 Contents

本書の使い方 …………………………………… 4

つるバラ栽培の基本　5

毎月の作業と手入れをわかりやすく ………… 6
つるバラの各部の名称 ………………………… 7
つるバラ栽培関連用語 ………………………… 9
栽培の前にそろえたい道具や資材 …………… 10
つるバラの主な仕立て例 ……………………… 14
つるバラの年間の作業・管理暦 ……………… 18

樹高別おすすめのつる&半つる性品種　20

中型 …………………………………………… 20
大型 …………………………………………… 30
中〜小型 ……………………………………… 32

12か月栽培ナビ　33

- **1月** 剪定／誘引／大苗の植えつけ／
土壌改良／寒肥 …………………………34
- **2月** 鉢植えの土替え／庭植えの移植 ……………36
- **3月** 枯れ枝の整理／鉢植えに置き肥（芽出し肥）………38
- **4月** 枝先の整理／新苗・鉢植え苗の植えつけ …………40
- **5月** 花がら切り／シュートの誘引／お礼肥 ………42
- **6月** 追肥／混み合っている枝の整理 ……………46
- **7月** 暑さ対策／鉢植えの土増し ………………48
- **8月** 細枝の整理／台風対策 …………………50
- **9月** 半つる性バラの剪定／
シュートの処理、くせをつける／
鉢植えを庭植えにする ……………………52
- **10月** 大苗の鉢植え／
バラと合わせる宿根草類の栽培計画／
日当たりと風通しの確保／ローズヒップの収穫……54
- **11月** 防寒対策／植え穴を掘る／誘引計画 …………58
- **12月** 大苗の植えつけ …………………………60

つるバラの主な病害虫と防除法　78

- つるバラの病害虫カレンダー …………………78
- つるバラに発生する主な病害虫 ………………79
- 薬剤散布のポイント ……………………84

Q&A　86

品種名索引 ………………………………95

本書の使い方

ナビちゃん
毎月の栽培方法を紹介してくれる「12か月栽培ナビシリーズ」のナビゲーター。どんな植物でもうまく紹介できるか、じつは少し緊張気味。

本書ではつるバラと半つるバラの栽培にあたって、1月から12月に分けて、月ごとの作業や管理を詳しく解説しています。また、主な種類・品種の解説や病害虫の防除法などを、わかりやすく紹介しています。

＊「**つるバラ栽培の基本**」（5〜17ページ）では、つる性バラの樹形や各部の名称、栽培に必要な道具や資材、仕立て方例を紹介しています。

＊「**樹高別おすすめのつる＆半つる性品種**」（20〜32ページ）では、長く栽培されている定番の人気品種や、仕立てやすく、よく花が咲く品種を、中型、大型、中〜小型に分けて紹介しています。

＊「**12か月栽培ナビ**」（33〜77ページ）では、月ごとの作業を、初心者でも必ず行ってほしい 基本 と、中・上級者で余裕があれば挑戦したい トライ の2段階に分けて解説しています。

今月の作業をリストアップ

今月の管理の要点をリストアップ

基本
初心者でも必ず行ってほしい作業

トライ
中・上級者で余裕があれば挑戦したい作業

＊「**つるバラの主な病害虫と防除法**」（78〜85ページ）では、つるバラに発生する主な病害虫とその対策方法を解説しています。

＊「**Q&A**」（86〜94ページ）では、よくある栽培上の質問に答えています。

● 本書は関東地方以西を基準にして説明しています。地域や気候により、生育状態や開花期、作業適期などは異なります。また、水やりや肥料の分量などはあくまでも目安です。植物の状態を見て加減してください。

● 種苗法により、種苗登録された品種については譲渡・販売目的での無断増殖は禁止されています。さし木やさし芽などの栄養繁殖を行う場合は事前によく確認しましょう。

つるバラ
栽培の基本

育てる前に知っておきたい、
つるバラの性質や育て場所の選び方、
必要な資材などを解説します。

'ポールズ・ヒマラヤン・ムスク'
Paul's Himalayan Musk

Climbing Rose

毎月の作業と手入れを
わかりやすく

栽培の基本とおすすめの品種を紹介

　つる性の植物はいろいろありますが、つるバラほど花の種類が豊富にあり、美しい姿を見せてくれる植物はほかにはないでしょう。つるバラは生き生きとした伸びゆく芽や、青々とした葉、そしてなんといっても多くの花が咲き誇り、見る人に癒しを与えてくれます。庭に1株あるだけで家全体がやさしく温かい雰囲気になる、これこそがつるバラの大きな魅力です。

　つるバラの一番の魅力は、長く伸ばした枝が構造物と一体となり、そこに今までとは違った景観をつくり出せることです。枝が太陽に向かって伸びていく姿を見守り、春にはその枝に咲き競う無数の花を愛でる。そんな夢のような世界を満喫できるのは、バラづくりだけに与えられる喜びです。また、つるバラは寒冷地でも暖地でも地域を選ばず栽培ができる丈夫な性質をもっています。そして、毎年伸びる枝を剪定と誘引により姿をさまざまに変化させることができるのもおもしろく、何年も長く栽培が楽しめる植物です。本書で1年の栽培手順を実践しながら、好きな品種をぜひ育ててください。

つるバラの基本の知識

　つるバラには、つる性バラと半つる性バラがあり、樹高5m以上になる大型のつるバラから、2m以内の小型の半つる性バラまであるので、小さな庭やベランダでも十分に楽しめます。ただし、栽培環境に合った品種を選ぶことが大切です。いくら好みの花でも、その環境に合わなければ台なしになってしまうことも。まずは、右ページの4つのポイントを確認しながら、自宅の栽培環境のなかからつるバラの苗を植えつける候補の場所を探しましょう。
●半つる性バラとは、木立ち性のバラとつる性バラの中間に位置するバラです。つるの伸長は長いもので2mほどと、つるバラに比べると伸長が穏やかで、小さな構造物への誘引に向きます。

木製のフェンスに誘引した
'つるポンポン・ドゥ・パリ'。

つるバラの各部の名称

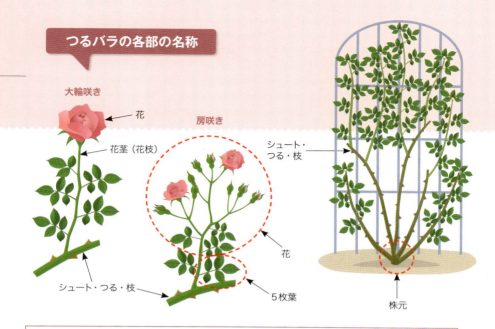

初めに庭をチェックしよう

① 将来像を思い描く
最終的にどのくらいの面積につるバラを仕立てたいかを決めます。面積の大小によって、適したつるバラが変わります（品種選びは20ページ～参照）。

② 地面を確認する
直径50cm、深さ50cmの穴が掘れる程度の地面が必要です。深く掘れない場所では、根が横に張れる広いスペースが必要です。土質が悪い場合は、土壌改良をするか鉢植えで育てましょう。

③ 日当たりと風通しを確認する
半日以上日が当たり、風通しがよい場所が適します。株元は日陰でも、葉に日が当たれば栽培可能。小さい苗は初めは鉢植えにして日なたで育て、日が当たる高さに達するまでつるが伸びたら庭に植えます。

④ つるを誘引する場所の確認
つるバラは自ら壁面を覆わないので、壁面にワイヤーを張ったり（88ページ参照）、アーチやトレリスを設置する（13、89ページ参照）など、つるを留める構造物を用意します。

毎月の作業と手入れをわかりやすく

9月下旬〜11月に出回る よい状態の大苗

運搬しやすいように枝が短く切られている場合が多いが、庭や鉢に植え替えることで、春以降、品種本来の枝が伸び出します。茎が太くしっかりしていて、みずみずしく張りがあるものを選びましょう。

9月下旬〜11月に出回る 悪い状態の大苗

枝に傷があったり、枝や葉が枯れたりしおれたりしている苗はNG。根元を見て根頭がんしゅ病(79ページ参照)にかかっていないかをチェックするのもお忘れなく。

つるバラの苗、購入のポイント

つるバラの苗は、バラの専門店や園芸店で購入することができます。通年置いているお店もありますが、主に4月以降の春と9月下旬以降から秋冬に種類が多く並びます。また、季節によって状態が変わりますが、しっかりとした枝の株を選べば大丈夫です。

どんな品種を選ぶかは、購入する前にインターネットや本、カタログなどで下調べをしておくことをおすすめします。好きな花色や花径、香り、樹高、耐病性があるかなど、おおまかな優先順位を決めてから園芸店に行くと、絞り込みやすいでしょう。

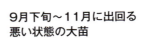

枝を長く伸ばしてつるバラらしい姿に育てた鉢植え苗。購入してすぐに構造物に誘引したい場合に向きます。春は花や葉がついた状態ですが、9月下旬〜11月には葉や枝が切り落とされた状態の苗もあります。

つるバラ栽培関連用語

*本書に登場する主な栽培関連用語を取り上げました。

大苗 つぎ木繁殖された苗をほぼ1年間育てた苗。近年は9月下旬ごろから11月にかけて流通する。

置き肥 固形の肥料を鉢の縁付近に置くこと。バラ専用の有機質固形肥料など、鉢の大きさに合わせて規定量施す。

寒肥 鉢植えや庭植えのバラに、休眠中の冬に施す有機質の遅効性肥料。土中で徐々に分解され、根の成長や芽出しを助ける大切な肥料。

5枚葉 園芸品種の多くは葉が5枚あるので「5枚葉」と呼ぶ。花茎のすぐ下は「3枚葉」のことが多い。5枚葉のつけ根には力のある芽がある。花がら切りのときはなるべく大きな5枚葉の上で切るとよい。品種によっては、7枚またはそれ以上の葉数もある。

シュート 株元やつるの途中から伸び出た長い枝のこと。株元から伸び出たシュートはベーサル・シュート、つるの途中から伸び出たシュートは、サイド・シュートと呼ばれる。つるバラはよいシュートを育てることが翌年のよい花につながる。

伸長 つるバラの枝が株元から1年で伸びる長さのこと。品種や地域によって伸びる長さが変わる。

剪定 不要な枝を切ること。樹形を整えるだけでなく、混み合う枝を整理し、株の内側にも日を当てたり、風通しをよくしたりするために行う作業。

チッ素 リン酸、カリとともに肥料の三要素の一つ。葉や茎の生育を促進し、植物を大きく育てる。

土壌改良 植えつけ場所の土を植物が育ちやすいように改良すること。多くの場合は、腐葉土や完熟堆肥をすき込み、土を軟らかくする。

一番花 4〜5月ごろに咲く1年で最初の花を一番花と呼び、その次に咲く花を二番花と呼ぶ。1年に1回咲く品種は「一季咲き」、2回以上咲く品種を「返り咲き」、春から秋まで繰り返し咲く品種を「四季咲き」と分類する。

根詰まり 鉢植えのバラの根が鉢の中でいっぱいになり、水や養分の吸収ができなくなった状態。

鉢替え（土替え） 休眠中に鉢植えのバラの用土を新しくすること。主に1〜2月に行う。

花茎（花枝） 花を咲かせる枝。ステムとも呼ばれる。

花がら切り 終わりかけた花を切り取ること。花がら摘み。

ブラインド枝 本来は花が咲くはずだったが、花がつかない新枝。気象条件や品種の特性などにもよるが、バラが何らかの理由で体力を温存するために蕾をつけないこともある。

誘引 伸び出たつるを地面に対して垂直にしたり水平に倒して、アーチやオベリスクなどの構造物にひもで留める作業。

栽培の前にそろえたい道具や資材

つるバラ栽培に必要な用具と資材をご紹介します。

プラスチック製の鉢

素焼きの鉢

鉢底の穴

鉢底網

鉢植え用の用土

バラ栽培に適した土などが、あらかじめブレンドされた用土。各社から発売されている「バラ専用培養土」はつるバラの栽培にも適している。

鉢底石

土入れ

鉢植え

　鉢でつるバラを栽培する場合は、鉢、用土、肥料が必要です。苗の大きさに対して鉢が大きすぎると、土が乾かなくなって過湿で根腐れが起きたり、小さすぎると根詰まりを起こして乾燥しやすくなったり、倒れやすくなったりします。苗の大きさによって、最適なサイズのものを選びましょう。

鉢　プラスチック製や素焼きなど素材や色違いなどが市販されていますが、鉢底と地面がぴったりくっつかず、すき間ができるもので、鉢底に適度な穴があいているものを使います。鉢底の穴が大きい場合は鉢底網を敷きます。

　新苗の植えつけ用には6号鉢を使用し、7月下旬に一回り大きな8号鉢に植え替えます（49ページ参照）。

用土　バラの栽培に適したよい土を使います。基本は、主に硬質赤玉土、硬質鹿沼土、軽石などの小～中粒が配合された市販の培養土が便利。安価な土はくずれやすいものが多いので注意しましょう。土を鉢に入れる際、土入れがあると便利です。

鉢底石　軽石などの鉢底石を厚さ2cmに敷いてから用土を入れます。

肥料 植えつけや植え替え時に土に混ぜる元肥と追肥で施す置き肥があります。

庭植え

バラは土が育てます。通気性や排水性に優れた団粒構造の土に植えて、日当たりなどの環境が整えば、最短1年でつるバラは倍以上に成長します。植えつける場所の土を掘り起こして状態を確認し、土壌改良をしましょう。庭で栽培するための資材は、肥料と植えつけ時や寒肥用の堆肥、さらに土質の改善が必要な場合は目的に合わせた資材を使います。

肥料 バラ専用の固形肥料や緩効性有機質肥料（N-P-K=2-8-4など）や緩効性化成肥料（N-P-K=6-40-6など）を腐葉土などの堆肥と一緒に混ぜ込んで使います。

堆肥 植えつけ時（植えつけ後年に1回）、肥料を施す際、一緒に腐葉土や牛ふん堆肥などを土にすき込み土質を改善します。

土質を改善する資材 苗を植える際に掘り起こした土が、硬かったり、水はけが悪い粘土質などの場合は、バラの根が健やかに育つために、土質を改善する必要があります。

肥料
（鉢植え・庭植え共通）
緩効性有機質固形肥料。使用する量は、各商品の袋に書かれた規定量を守る。

堆肥

写真左は腐葉土、写真右は牛ふん堆肥。ほかに、馬ふん堆肥などもある。必ず完熟した堆肥を使う。

土質を改善する資材

写真左は排水性を改善する珪酸塩白土（商品名ミリオンなど）。写真右は通気性や粘土質を改善するヤシ殻（商品名ベラボンなど）。

栽培の前にそろえたい道具や資材

剪定バサミ

皮革製の園芸用手袋

高枝切りバサミ

ノコギリ

高枝切りノコギリ

病害虫防除のための薬剤など
(鉢植え・庭植え共通)

つるバラの日ごろの手入れに欠かせない作業が、病気や害虫の予防や駆除です。薬剤には4タイプあります。病原菌が侵入するのを予防する「予防殺菌剤」と病原菌を退治する「治療殺菌剤」、害虫を駆除する「殺虫剤」（ハダニ類に対しては殺ダニ剤）、病気の予防・治療と害虫退治の効果が一度に期待できる「殺虫殺菌剤」。主に散布するので、薬液が手に触れたり吸い込んだりしないようにゴム手袋と農薬用のマスク、長袖の作業着を着用しましょう。

剪定のための用具
(鉢植え・庭植え共通)

つるバラの手入れに剪定は欠かせません。株の大きさによって次のものを用意しましょう。

剪定バサミ 少ない力で枝を切りやすくつくられた剪定専用のハサミ。多少高価でも切れ味がよく、手に合うものを1本用意しましょう。

皮革製の園芸用手袋 バラのとげで手を傷つけないように厚手の皮革製手袋を着用して作業します。

ノコギリ 太い枝を切るために使います。歯の細かいものが適しています。

高枝切りバサミ つるバラは高い位置に茂ることが多いので、株が大きくなったら用意すると便利です。高い位置の剪定と誘引には脚立も必要になります。

高枝切りノコギリ 高枝切りバサミよりも広い範囲の枝を切るのに便利です。脚立に登らずに、高い位置の枝を一度にたくさん、軽い力で切り落とせます。

麻ひも

ビニールタイ

シュロ縄

S字フック

誘引クリップ

誘引のための用具
（鉢植え・庭植え共通）

　つるバラや半つる性バラの枝を構造物に留めつけたり誘引する際にひもやフックが欠かせません。つるの成長具合や使い勝手により選びましょう。

麻ひも　誘引作業や防寒の不織布を巻く際などにも使い勝手がよい太さの麻製のひも。メーカーにより色つきもあります。

ビニールタイ　中にワイヤーが入ったビニール製のひも。ねじって留めることができるので、誘引作業が短縮できます。成長中の若い枝を留めるのにおすすめ。

シュロ縄　太く丈夫なシュロ製の縄。古い枝をしっかり構造物に留めつける際に使うとよいでしょう。

S字フックや誘引クリップ　枝どうしを引っ掛けてまとめたり、構造物に留めつけるなどの誘引作業をワンタッチで行えます。何回も使えます。

誘引場所をつくる
（鉢植え・庭植え共通）

　つるバラや半つる性バラのつるを支える構造物にはアーチやフェンス、オベリスク、ガゼボなど、さまざまなものがあります。仕立て方や品種に合わせてバラのつるを支えることができる鉄製などのしっかりした製品を選びましょう。また、壁などの既存の場所に誘引場所をつくる方法もあります（88〜89ページ参照）。

小型のフェンス　　　オベリスク

つるバラの主な仕立て例

つるバラはさまざまな構造物に誘引することで立体的に花を咲かせることができます。主な仕立て方を6つご紹介します。

アーチ仕立て

　家の前や庭の入り口に置きやすいアーチには、その中をくぐり抜ける楽しみがあります。花の中を通る、それはとても夢のある景色です。きれいにカーブを描いて、まんべんなく花を咲かせるには、花茎の長すぎない品種を選ぶのがポイントです。

下左は、'スノー・グース'の純白の花で覆われたアーチ。アーチの両側に1株ずつ同じ品種を植えた。下右は、左に黄花を、右に淡ピンクのつるバラを植えて、パステルカラーで愛らしいアーチに。

M.Goto　N.Horii

オベリスク仕立て

庭の中で目を引くフォーカルポイントになる花の柱、オベリスク。つるが細くしなやかで、誘引しやすい品種や半つる性の品種が向いています。360度、花が咲き、どこからでも花の姿を楽しめる仕立てです。

オベリスクには、円柱や四角錐、円錐などさまざまな形があるが、直径30cm以上のものがつるバラの誘引に向く。下左は、トップの飾りが隠れないように誘引した'春がすみ'。下右は、オベリスクを覆い隠すほど花盛りの'バレリーナ'。

つるバラの主な仕立て例

トレリス・フェンス仕立て

地面に近いところを中心に花が咲くように冬の間につるを倒して地面と水平になるように誘引します。その後伸びてきたら、斜め上方の伸ばしたい方向に誘引しましょう。低いフェンスやトレリスには、大型のつるバラは誘引しにくいので、半つる性やミニつるバラがおすすめです。

下左は、木製のトレリスに'ピエール・ドゥ・ロンサール'を誘引し、華やかな風景に。下右は、トレリスにまんべんなく小花を咲かせる'夢乙女'。小花が咲く品種は狭いスペースでも圧迫感がない。

壁面仕立て

どのような景色を描きたいかを考えて、壁につるを這わせるためのワイヤー（88ページ参照）や支柱を設置して誘引します。窓を囲むようにつるを這わせると、室内からも花が咲いている様子を眺めることができます。壁の近くに木や草花を植えると、脚立が立てづらくなるので注意。右写真は'ポールズ・ヒマラヤン・ムスク'を誘引。

壁面

パーゴラ仕立て

広い面積を覆う必要があるので、まず何年で仕上げるか目標を決め、それに応じて品種や株数を考えましょう。早く覆いたいなら長尺苗を植えます。一番長く伸ばすシュートを決め、伸ばしきったら低い位置のほかの枝を伸ばすのがポイント。上部の棚と柱まわりを別の品種にすると変化が出て、きれいです。右写真は'つるジュリア'。

パーゴラ

その他の仕立て

つるバラは、オベリスクやフェンスなどの既製品を設置しなくても、例えば家の周辺にある柱やベランダの手すり、右写真のように樹木に誘引してもすてきです。頭上から花が枝垂れて咲く姿を楽しめるように、立体的に仕立てることができるのが、つるバラ栽培の魅力の一つです。

樹木

つるバラの年間の作業・管理暦

	1月	2月	3月	4月	5月
生育状態	休眠 p55	根が動きだす p62	生育		開花
主な作業	植えつけ（鉢植え）／移植	植えつけ（庭植え）	→p37 新苗・鉢植え苗の植えつけ		p44 ← 花がら切り
	寒肥・土壌改良		→p77		追肥
	鉢植えの土替え		→p61		
	防寒対策	↓ p58	枯れ枝の整理	枝先の整理	
	剪定・誘引	↓ p64		シュートの誘引	
管理 置き場（鉢植え）	日なたで霜に当てない		日当たりと風通しのよい場所		
水やり（鉢植え）	表土が乾いたら				
肥料（鉢植え）	置き肥	p38 ←	置き肥（芽出し肥）		
病害虫の防除			主な病害虫と防除法は78〜85ページを参照		

関東地方以西基準

	6月	7月	8月	9月	10月	11月	12月

開花（返り咲き・四季咲き）

鉢植えを庭植えにする　p57

ローズヒップの収穫

移植

花がら切り

寒肥・土壌改良

p49 ← 鉢植えの土増し

p58 ← 防寒対策

p56 ← 日当たりと風通しの確保

暑さ対策・台風対策

剪定・誘引

→ p45

暑さに弱い品種は日陰

西日を避ける　　　　　　　寒風が当たらない家の南側や壁際

つるを伸ばしたい株には表土が乾いたら午前中にたっぷりと

表土が乾いたら

追肥（状態により置き肥や液体肥料・活力剤を施す）

樹高別
おすすめのつる&半つる性品種

Climbing Rose & Shrub Rose

たくさん花が咲く魅力的な品種を3つの樹高に分けてご紹介。
中型は樹高2.0m以上、大型は樹高4m以上、中〜小型は、樹高1.5m前後に育ちます。
誘引する場所や構造物に合わせて選びましょう。

中型

❶ 開花サイクル ❷ 花径
❸ 樹高（1年の伸長）
❹ 作出国・メーカー（作出者）、作出年
❺ おすすめの仕立て方
（アーチ→A、
オベリスク→B、
トレリス・フェンス→C、
壁面→D、パーゴラ→E）

ピエール・ドゥ・ロンサール
Pierre de Ronsard

❶ 弱い返り咲き ❷ 9〜12cm ❸ 3.0m
❹ フランス・メイアン、1985 ❺ A B C D E

花びらの縁が濃いピンクに染まり咲き始めがロマンチック。枝はしっかりしているが、誘引はしやすい。花の重みで下を向くので見上げる場所への仕立てに向く。

NP・H.Imai

ラウブリッター Raubritter

❶ 一季咲き　❷ 3cm　❸ 2.0m
❹ ドイツ・コルデス、1936　❺ ＡＢＣ

カップ状の花はとても愛らしい。花つきがよく房になって咲き、花もちもよい。節間が短く花がつくので、コンパクトな仕立てにも向く。

NP-T.Narikiyo

ザ・ジェネラス・ガーデナー
The Generous Gardener

❶ 返り咲き　❷ 9cm　❸ 2.0m　❹ イギリス・オースチン、2002　❺ ＡＢＣＤＥ

花はミルラ香にムスク香が混ざった香り。白〜淡ピンクのやわらかい色味。株に勢いがつくと太く長いシュートが株元から何本も出る。毎年枝の更新をするとよい。

NP-T.Ikemae

↓ザ・ウェッジウッド・ローズ
The Wedgwood Rose

❶ 返り咲き　❷ 8cm　❸ 2.0m　❹ イギリス・オースチン、2009　❺ ＡＢＣＤＥ

咲き進むとカップからロゼットへと変化する。大きく枝を伸ばして壁面に誘引すると、花は少しうなだれて咲き、ナチュラルでとても美しい。

David Austin Roses

Keisei Rose

クリスティアーナ Christiana

❶ 四季咲き　❷ 8cm　❸ 2.0m
❹ ドイツ・コルデス、2013　❺ ＡＢＣ

ディープカップで繊細な雰囲気の花はレモン系のさわやかな香り。とげは少なく病気に強く、育てやすい。ポール仕立ては特に美しく仕上がる。

中型

← **ホワイト・ドリーム・ウィーバー**
White Dream Weaver

❶ 四季〜返り咲き ❷ 6cm ❸ 2.0m
❹ 河合伸志・日本、2015 ❺ ⒷⒸⒹ

花もちがとてもよい。ほかのバラや植物との組み合わせにも向き、壁面などの背景とも調和しやすい。花がらをこまめに切ることで次々と秋まで咲き続ける。

↓ **サハラ '98**
Sahara '98

❶ 返り咲き ❷ 8cm ❸ 2.5m
❹ ドイツ・タンタウ、1996 ❺ ⒶⒷⒸⒹⒺ

黄色にオレンジ色の縁が入り、鮮やかで人目を引く花。枝は太いが誘引はしやすい。横に広げて景色をつくるとよい。

↑ **グラハム・トーマス**
Graham Thomas

❶ 返り咲き ❷ 7cm ❸ 1.4m
❹ イギリス・オースチン、1983 ❺ ⒷⒸⒹ

整ったカップ咲きでティーのさわやかな香り。シュートは直立に伸び、段々に切っても咲く。鉢植えでトレリスやオベリスクに誘引も可。自然樹形で楽しんでもよい。

バフ・ビューティ Buff Beauty

❶ 返り咲き ❷ 8cm ❸ 2.0m
❹ イギリス・Bentall, A.、1939 ❺ Ⓐ Ⓑ Ⓒ

枝にはとげが少なく、横張りで堅い。フェンスで左右に振り分ける場合はできるだけ早めにシュートを誘引したい方向へ向け、斜めに留めるとよい。

↑ バタースコッチ Butterscotch

❶ 四季〜返り咲き ❷ 10cm ❸ 2.5m ❹ アメリカ・ワーナー、1986 ❺ Ⓐ Ⓑ Ⓒ Ⓓ Ⓔ

落ち着いた花色で、アンティークな感じで美しい。黒の鉄製の支柱やトレリスとも合い、きっちり誘引しなくても雰囲気よく咲く。

↓ つるジュリア
Julia's Rose, Climbing

❶ 弱い返り咲き ❷ 11cm ❸ 4.0m ❹ 日本・コマツガーデン、2003 ❺ Ⓐ Ⓑ Ⓒ Ⓓ Ⓔ

3年以上たつと強く太いシュートが出て大きく育つ。それまでは病気にならないよう消毒をし、生育が衰えないように管理する。仕立てはフェンスやパーゴラ向き。

ロココ Rokoko

❶ 返り咲き ❷ 12cm ❸ 3.5m
❹ ドイツ・タンタウ、1987 ❺ Ⓒ Ⓓ

花弁が波打ち、大きく開く。花もちもよく、多花性で見事な景色に。太いシュートが出るので、毎年枝の更新も可能。フェンス仕立てがおすすめ。

↑ パレード Parade

① 返り咲き ② 8cm ③ 3.0m ④ アメリカ・Boerner, E.、1953 ⑤ ABCD

淡ピンクのバラと組み合わせると互いを引き立てる。あまり小さい仕立てには向かず、大きめのアーチやフェンスに向く。秋までよく咲き続ける。

↑ サラマンダー Salamander

① 四季〜返り咲き ② 7cm ③ 2.5m ④ 日本・河合伸志、2016 ⑤ ABC

房咲きで花もちがよく、花芯部以外は退色が少ない。花色に変化がありおもしろい。秋は太い枝には花はつかないが、細い枝には開花。

ギー・サヴォア Guy Savoy

① 四季〜返り咲き ② 10cm ③ 1.8m ④ フランス・デルバール、2001 ⑤ BD

絞りがある花はウェーブし優雅。株が直立にスッと伸び、見事な景色をつくる。花色が落ち着いているのでほかの花と合わせやすい。

オデュッセイア Odysseia

① 四季〜返り咲き ② 8cm ③ 1.7m ④ 日本・木村卓功、2013 ⑤ ABC

紫がかった黒赤色の花は平咲き。弁先は波打ちエレガント。香りはモダンダマスクの強香。小型のトレリス仕立てにも利用できる。

中型

オリーブ Olive

❶ 四季〜返り咲き ❷ 10cm ❸ 3.0m
❹ イギリス・ハークネス、1982 ❺ B C

黒みの少ない情熱的な赤バラ。花もちは抜群なうえ、よく返り咲く。強い香りがない分、害虫の被害が少ない。直立状に伸びる。

ダブリン・ベイ Dublin Bay

❶ 四季〜返り咲き ❷ 10cm ❸ 3.0m
❹ ニュージーランド・McGredy VI、1975
❺ A B C D

花弁が厚く花もちがよい。一番花のあと、切り戻すとすぐ次の花が咲きだす。丈夫で育てやすい。建物の壁面などに放射状に広げて誘引するとよい。

中型

つるアイスバーグ
Iceberg, Climbing

❶ 一季咲き ❷ 8cm ❸ 4.0m ❹ イギリス・Cant, B.、1968 ❺ A B C D E

50年の時を経ても不動の人気。ササのような細身形の葉と純白の花、先がとがった美しい蕾が魅力。ホワイトガーデンには欠かせない。姿、耐病性など全体的に優秀。

ジャクリーヌ・デュ・プレ
Jacqueline du Pré

❶ 四季～返り咲き ❷ 7cm ❸ 2.0m ❹ イギリス・ハークネス、1989 ❺ A B C

夏もポツポツと花が咲き、涼しげな雰囲気。花つきがよい分、成長はゆっくり。あまりきっちりと誘引しなくても花茎が短く暴れない。

アルバ・セミプレナ
Alba Semi-plena

❶ 一季咲き ❷ 7cm ❸ 2.5m ❹ 1629年以前 ❺ A B C

淡桃色の蕾は開花すると純白に。さわやかなダマスク香。太めのシュートが出やすい。大きく広げるような誘引のほうが仕立てやすい。ローズヒップも楽しめる。

↑ プロスペリティ Prosperity

❶ 四季〜返り咲き　❷ 6cm　❸ 1.8m　❹ イギリス・Pemberton, J.、1919　❺ Ⓐ Ⓑ Ⓒ

花茎が短いのでどんな仕立てにも合う。アーチがおすすめ。二番花以降、秋までポツポツと返り咲く。芳香はさわやか。半日陰でも育つ丈夫な品種。

→ スノー・グース Snow Goose

❶ 四季〜返り咲き　❷ 4cm　❸ 3.0m　❹ イギリス・オースチン、1997　❺ Ⓐ Ⓑ Ⓒ Ⓓ Ⓔ

イングリッシュローズのなかでは珍しい小輪種。とげが少なく、生育が旺盛で誘引しながら伸ばすとパーゴラも覆うことができる。秋の花はクリームピンクになり、とても美しい。

ロサ・ケンティフォーリア
Rosa × centifolia

❶ 一季咲き ❷ 8cm ❸ 1.5m
❹ 1596年以前 ❺ A B C

ケンティフォーリア系の基本種。別名、キャベツ・ローズの名がつくほど花びらが多数あり、南フランスでは香油を採取するために栽培されている。枝はしなやかで誘引しやすい。

中型

ル・ポール・ロマンティーク
Le Port Romantique

❶ 返り咲き ❷ 8cm ❸ 3.0m
❹ 日本・河合伸志、2015 ❺ A B C D E

華やかなローズ色の大輪カップ咲き。3〜5輪の房咲きになり、返り咲く。涼しい地方では秋にも開花。'ピエール・ドゥ・ロンサール'の枝変わり。

シンデレラ Cinderella

❶ 四季〜返り咲き ❷ 7cm ❸ 2.5m
❹ ドイツ・コルデス、2003 ❺ A B C

やさしいピンクの花がびっしりと咲く、とても丈夫なバラ。枝は堅くとげは多い。

レイニー・ブルー Rainy Blue

❶ 四季〜返り咲き ❷ 7cm ❸ 2.5m
❹ ドイツ・タンタウ、2012 ❺ Ⓑ Ⓒ

今までありそうでなかった淡いパープル系のつるバラ。四季咲き性に優れる。枝は細くしなやか。鉢植えでトレリスに小さく仕立てることもできる。

バレリーナ Ballerina

❶ 四季〜返り咲き ❷ 3cm ❸ 2.0m
❹ イギリス・Bentall、1937 ❺ Ⓐ Ⓑ Ⓒ

花もちがよく、花が退色しても散らずに淡いピンクのグラデーションになる。花はムスク香。半横張り性でしっかりとしたシュートが出やすい。病気に強く育てやすい。

つるヒストリー History, Climbing

❶ 四季咲き ❷ 10cm ❸ 1.5m
❹ ドイツ・タンタウ、2009 ❺ Ⓑ Ⓒ

ピンクのカップ咲きでややうつむいて咲く。雨に強い。花茎が長めなので、ゆったりと咲かせる仕立てに向く。株が充実するとよく返り咲く。

つるローズうらら Roseurara, Climbing

❶ 返り咲き ❷ 8cm ❸ 3.0m
❹ 日本・井戸繁夫、2013 ❺ Ⓐ Ⓑ Ⓒ

華やかなローズ色の花が房になって咲く。一輪一輪しっかりとした花姿で雨に強い。どこで切っても咲いてくれる丈夫で頼りがいのあるバラ。

大型

キモッコウバラ
Rosa banksiae 'Lutea'

❶ 一季咲き ❷ 2cm
❸ 3.5m
❹ 1824年ごろJohon Damper Parksによりイギリスへ持ち込まれた
❺ ＡＢＣＤＥ

小輪のやさしい黄花が人気。房状になってたわわに咲く姿に魅せられる。とげがなく丈夫で育てやすいが、大きくなりすぎるので花後の剪定を初夏から秋にこまめに行う。下写真は一重種。

↑**ロサ・バンクシアエ 'ルテスケンス'**
Rosa banksiae 'Lutescens'

←**モッコウバラ**
Rosa banksiae banksiae

❶ 一季咲き ❷ 2cm ❸ 3.5m
❹ 1807年にWillam Kerrが中国で発見
❺ ＡＢＣＤＥ

房になって見事に咲き誇る。キモッコウバラよりも1週間ほど遅く開花。とげがほとんどなく誘引しやすい。丈夫で大きく育つ。春から夏に刈り込んでも咲く。左下写真は一重種。

←**ロサ・バンクシアエ・ノルマリス**
Rosa banksiae var. *normalis*

↑ ファイルヘンブラウ
Veilchenblau

❶ 一季咲き ❷ 4cm ❸ 4.0m ❹ ドイツ・Schmidt, J. C.、1909 ❺ Ⓐ Ⓑ Ⓒ Ⓓ Ⓔ

とげが少ないので誘引が楽。ピンク系のバラが多いコーナーに加えると、ひと味違った紫色により景色が引き締まる。別名、ブルー・ランブラー。

ボビー・ジェイムズ Bobbie James

❶ 一季咲き ❷ 3.5cm ❸ 4.0m ❹ イギリス・Thomas, G.、1961 ❺ Ⓐ Ⓑ Ⓒ Ⓓ Ⓔ

1枝に30輪ほど蕾がつき、花後は丸い実が多数つく。初年から旺盛で大きく育つ。株元付近から咲かせるには地際から出たシュートを1mほどで切るとよい。

アルベリック・バルビエ
Albéric Barbier

❶ 一季咲き ❷ 6cm ❸ 4.5m ❹ フランス・バルビエ、1900 ❺ Ⓑ Ⓒ Ⓓ Ⓔ

ティー香の香るロゼット咲き。枝は細めで誘引しやすい。先へ先へと伸び、株元の花つきが悪くなるので、2～3年に1回、株元近くで太い枝を切ってシュートを出させるか、サイド・シュートを株元へ誘引して花を咲かせるとよい。

フランソワ・ジュランヴィル
François Juranville

❶ 一季咲き ❷ 6cm ❸ 4.5m ❹ フランス・バルビエ、1906 ❺ Ⓑ Ⓒ Ⓓ Ⓔ

花は青リンゴの香り。枝は細く誘引しやすい。'アルベリック・バルビエ'と同様よく伸びる。下垂させても花が咲くのでパーゴラから枝を伸ばすと趣がある。大きな仕立てに向く。

中～小型

夢乙女 Yumeotome

① 弱い返り咲き ② 3cm ③ 2.0m
④ 日本・徳増一久、1989 ⑤ A B C D E

開花後、ピンクから白へと退色するが、その移り変わりが愛らしく上品な姿が楽しめる。小さな仕立てからアーチまで、花で覆われた様子は圧巻。

レッド・キャスケード Red Cascade

① 四季～返り咲き ② 2cm ③ 1.8m
④ アメリカ・Moore, R.、1976 ⑤ A B C

飽きのこない黒赤系花が房になって咲く。花の重みで下垂する様子も味がある。小さい仕立てに向き、トレリスなどへの仕立てがよい。

雪あかり Yukiakari

① 返り咲き ② 3cm ③ 2.0m ④ 日本・コマツガーデン、2005 ⑤ A B C D E

花弁は厚く雨に強い。耐病性があり、無農薬栽培も可能。株が充実してくると二番花以降、秋にも返り咲く。鉢植えで小さい仕立てにも向く。'夢乙女'の枝変わり。

芽衣 Mei

① 返り咲き ② 2cm ③ 2.5m ④ 日本・コマツガーデン、2005 ⑤ A B C D E

やさしい淡桃色の花、ダークグリーンの小葉、のびやかなつるのバランスに加え、親である'夢乙女'と同様に暑さ、寒さに強く、耐病性を備えたすばらしいつるバラ。'夢乙女'の枝変わり。

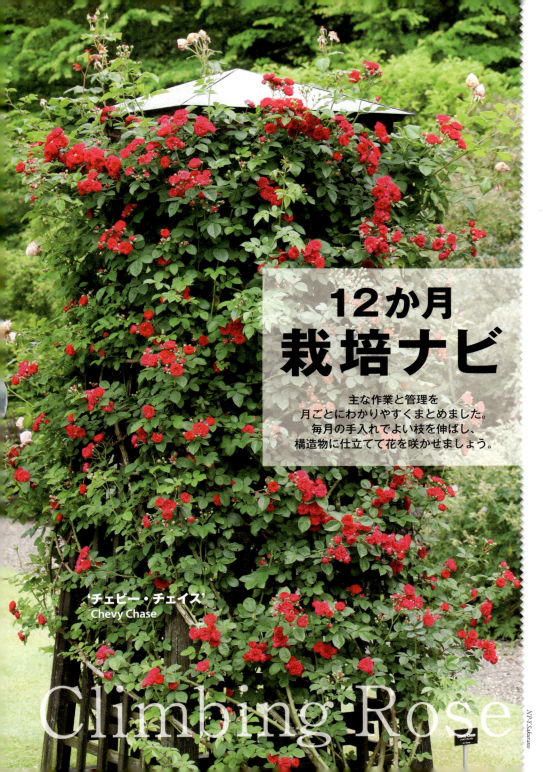

January
1月

今月の主な作業

- 基本 剪定
- 基本 誘引
- 基本 大苗の植えつけ
- 基本 土壌改良
- 基本 寒肥

基本 基本の作業
トライ 中級・上級者向けの作業

1月のつるバラ

外気温が5℃を下回ると、つるバラは休眠します。剪定作業を終えた順にまだ葉が茂っていたら、ハダニが残っていることもあるので、すべての葉を取りましょう。この時期は先端からしおれてくる枝があります。それは、前年の秋以降に伸びた若い枝です。この枝はまだ充実していないので、誘引をしても枯れてしまう場合が多く、よい花が咲く芽がないので、剪定作業時につけ根から切ってしまいましょう。

つるが伸びて構造物に収まっていない。2月までに剪定と誘引を終了し、春に備える。

主な作業

基本 **剪定**（64ページ参照）

よい枝を残し株を整理する必須の作業

冬の剪定は、休眠期に枝を切って株の整理をする作業のことです。つるバラの剪定は、誘引とセットで行います。

この時期は、落葉が進むので樹形や芽の位置がわかりやすくなることと、休眠していることで枝を短く切っても切り口から水分が抜けて枯れるなどのダメージが少ないため、12月～2月下旬の間に剪定を終わらせます。

植えつけて3年以下のつるバラは、目標の長さに到達するまで、つるを長く伸ばすことを意識して、貧弱な枝や不要な枝を切り落として、構造物に収まるように枝を整理します。植えつけて3～5年以上たつと、品種によっては株元の枝が出にくくなるので、新しい枝を生かし、古い枝を切って更新し、株を若返らせるのも剪定の目的です。

つるバラは剪定をしなくてもすぐに枯れることはありませんが、つるが伸びたまま絡まり合い、枯れた枝や花がらのついた枝が残っていると、風通し

今月の管理

- 植えつけた大苗や移植した株は霜に当てない
- 庭植えは不要、鉢植えは表土が乾いたらたっぷり
- 庭植えは寒肥、鉢植えは置き肥
- バラシロカイガラムシなどの駆除

や日当たりが悪くなり病害虫が発生する原因になるので毎年必ず行います。

基本 誘引（64ページ参照）
構造物に枝をバランスよく配置
　春の景色をイメージし、構造物に沿って、バランスよくつるを配置します。たくさん花を咲かせるには、地面に対して、つるを水平に倒して誘引します。また、植えつけてまもなく、構造物を覆うつるをふやすのが目的の株は、よい枝の発生を促すために、枝を地面と垂直に留めるとよいでしょう。

基本 大苗の植えつけ
根が動きだす2月までに植えつけ
　庭への植えつけは62ページ、鉢への植えつけは55ページ参照。

基本 土壌改良（77ページ参照）
年に1回の土壌環境の改善作業
　水やりや雨、日々の作業で踏みしめられて硬くなった土を耕し、通気性をよくします。成長が緩慢だったり、シュートの発生が少ない株の改善に役立ちます。

基本 寒肥（77ページ参照）
年に1回の大切な肥料
　春の開花とその後の根や枝の成長のために施します。

管理

庭植えの場合

水やり：不要
　植えつけ後2年以上経過している株はほとんど与えなくても大丈夫ですが、晴れた日が続き、乾燥していたらたっぷり与えます。植えつけたばかりの大苗と移植したばかりの株は乾かないように様子を見て、乾きすぎているようならば与えます。

肥料：寒肥（77ページ参照）

鉢植えの場合

置き場：強風が当たらない南側
　植えつけたばかりの大苗と弱っている株は霜や強い風が当たらない南向きのところに置きます。

水やり：目安は7日前後おき
　表土が乾いたらたっぷり与えます。

肥料：置き肥（38ページ参照）

病害虫の防除：バラシロカイガラムシ、ハダニ類の駆除
　ゴマダラカミキリの食害痕がないかも確認をします（83ページ参照）。

February
2月

今月の主な作業

- 基本 剪定と誘引
- 基本 大苗の植えつけ
- 基本 鉢植えの土替え
- 基本 土壌改良
- トライ 庭植えの移植

基本 基本の作業
トライ 中級・上級者向けの作業

2月のつるバラ

つるバラの芽は、まだじっとしていて動きはありませんが、地中の根は動きだしています。この時期の大雪は、雪害をもたらし思いがけず大切な枝が折れたりします。早めに剪定して、構造物につるを固定しましょう。また、土壌の改良作業はできるだけ2月中に終えることをおすすめします。

掃き出し窓を囲んで花が咲くように剪定と誘引をしたつるバラ。

主な作業

基本 剪定と誘引
芽が動きだす前に剪定と誘引を終了
作業の手順は64ページを参照。

基本 大苗の植えつけ（庭植え・鉢植え）
根が動きだす前に植えつけを終了
大苗は9月下旬から流通していますが、購入した鉢のままで育てず、根や芽が動きだす2月下旬までに、庭や鉢に植えつけます。庭への植えつけ手順は62ページを参照。鉢植えの植えつけは55ページ参照。

基本 鉢植えの土替え
根鉢を抜き出し用土を替える
植えつけて1年たった鉢植えは、根が鉢の中いっぱいに成長しているので、根が動きだす2月下旬までに土替えを終わらせます（61ページ参照）。

基本 土壌改良（77ページ参照）
土質が悪い場所は改良材を追加
水はけが悪かったり土が硬かったりする場所は、根気よく毎年繰り返し土壌改良を行うことをおすすめします。株元周辺をなるべく広範囲で掘れる深さまで掘り、有機質の改良材（11ペー

今月の管理

- 植えつけてまもない株は霜に当てない
- 庭植えは不要、鉢植えは鉢土が乾いたら昼に
- 庭植えは寒肥、鉢植えは不要
- 黒星病の防除

ジ参照) や堆肥を掘り返した土に混ぜ込むことで、土壌改良に効果を発揮します。

トライ　庭植えの移植

つるバラは移植ができる強い植物

生育がよくなかったり、庭を移転するなどの事情で株を移動させるには、2月が適期です。移植をするといったん、樹勢が弱まりますが、新しい根が伸びることが株の若返りにつながります。移植先がすぐに用意できない場合は、鉢植えにして養生しましょう。

移植時の掘り上げ方

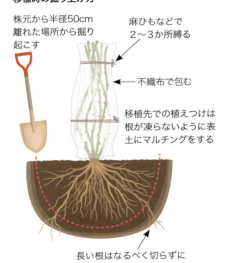

- 株元から半径50cm離れた場所から掘り起こす
- 麻ひもなどで2〜3か所縛る
- 不織布で包む
- 移植先での植えつけは根が凍らないように表土にマルチングをする
- 長い根はなるべく切らずにたぐり掘り出す

管理

庭植えの場合

水やり：不要
1月に準じます。

肥料：寒肥
1月に施さなかった場合は早めに (77ページ参照)。雪が積もったり土が凍ったりした場所は、3月上旬に施します。

鉢植えの場合

置き場：強風や霜が当たらない南側
1月に準じます。

水やり：早朝や夕方を避ける
早朝、表土を見ると凍っていて用土が乾いているように見えます。なるべく午前10時過ぎによく見て、鉢土が乾いていたらたっぷり水を与えます。夕方に与えると凍ってしまうので、できれば午後2時までに与えましょう。

肥料：不要

病害虫の防除：黒星病の防除 (79ページ参照)

March
3月

今月の主な作業
- 基本 枯れ枝の整理
- 基本 置き肥（芽出し肥）

基本 基本の作業
トライ 中級・上級者向けの作業

3月のつるバラ

　地中では、新しい根も活発に伸び、3月下旬になると地上部では新しい葉が展開を始めます。新芽の動きを見ていると、いよいよつるバラの生育シーズンが始まると期待が高まります。この時期はバラを好む害虫も活動を始めるため、早めの防除をおすすめします。初期に対処すれば被害が少なくすんで安心です。

冬の剪定や誘引など、春を迎える準備が整った時期。手入れを頑張った分、開花が楽しみに。

主な作業

基本 枯れ枝の整理
冬に枯れ込んだ枝を切り落とす

　芽が吹き出す時期になっても動きがなく、茶色く枯れてしまった枝は、周囲に葉が茂り隠れてしまう前に切り落としておきましょう。また、冬の剪定と誘引の作業を振り返り、残しても冬を越さない未熟な枝がどんな様子だったのかを思い出しておくと、春に枯れ込む枝を冬の剪定時に判断できるようになります。

基本 鉢植えに置き肥（芽出し肥）
芽出しと開花のための栄養を補う

　緩効性有機質固形肥料（11ページ参照）やバラ専用の固形肥料を鉢の縁に規定量置きます。水を与えるたびに成分が溶け出して土中にしみ込みます。

今月の管理

- ☀ 5時間以上日が当たる場所に
- 💧 庭植え、鉢植えともに乾いたら
- 🌱 庭植えは不要、鉢植えは置き肥
- 🐛 アブラムシ類の防除

管理

🏠 庭植えの場合

💧 水やり：株元にたっぷりと

3月になると暖かい日が続き、乾燥し始めます。このころから芽も伸び出しますから、十分な水分が必要になります。この時期に乾かしすぎてしまうと芽が傷みます。表土が乾いたらたっぷりと水を与えましょう。

🌱 肥料：不要

葉色を見て、黄色っぽい場合は有機質固形肥料を追肥しましょう。

⚪ その他1：防寒の不織布を外す

芽が伸び始めるので、葉の光合成を妨げないように、不織布は外しましょう。

⚪ その他2：除草

植物の生育シーズンが始まり、雑草が生えてきます。小さなうちに抜きます。

🪴 鉢植えの場合

☀ 置き場：日光が5時間以上当たる場所

直射日光が当たる場所へ移動させます。

💧 水やり：乾き始めたらたっぷり

表土が乾いたらたっぷり与えます。芽が伸び出す時期なので水切れに注意。

🌱 肥料：置き肥を開始

バラ専用の固形肥料（N-P-K=4-6-5など）を鉢土の上に置きます。

🐛 病害虫の防除：アブラムシ類

アブラムシ類が大発生する前に防除します（81ページ参照）。新芽はまだ柔らかく、薬害が出ることもあるので初めは薄い濃度で散布してください（1000〜2000倍と表示されていたら2000倍から）。簡易的なスプレー剤やエアゾールの殺虫剤でも最初は軽く散布し、様子を見て進めましょう。

体長1mmほどの緑色や黒色のアブラムシ類は、蕾や新芽、若葉などに集団で張りついて汁を吸い、株にダメージを与えるので防除が必要。

スプレー剤は株から50cm離して、株全体にまんべんなく散布。枝の裏側や葉の下側からも吹きかける。

April
4月

今月の主な作業

- 基本 花がら切り
- 基本 枝先の整理
- 基本 シュートの誘引
- 基本 新苗・鉢植え苗の植えつけ

基本 基本の作業
トライ 中級・上級者向けの作業

4月のつるバラ

今月から本格的な生育期です。つるバラは眠りから覚めて、芽も根もどんどん成長します。早咲きの品種は4月中〜下旬に咲き始めます。3月まではあまり乾かなかった地面も4月になると乾きやすくなります。水分調節が難しい時期です。水切れしないように株の状態をよく観察しましょう。また、病害虫の防除を徹底的にすることで、早期からのダメージを受けずにベストコンディションで開花させることができます。

ほかのつるバラに先駆けて咲くキモッコウバラ。

主な作業

基本 花がら切り（44ページ参照）
花が終わったら早めに切り取る
　花色がくすんできたら、花びらが地面に落ちる前に花がらを切ります。

基本 枝先の整理
花が咲かなかったブラインド枝を切る
　花がつかなかった葉だけの枝も、花がら切りと同時に軽く切り戻すと花芽が出る可能性があります。

基本 シュートの誘引（45ページ参照）
花後に伸びた枝を誘引する
　来年花を咲かせる大切な枝なので、見つけたら垂直に誘引します。

基本 新苗・鉢植え苗の植えつけ
新しいつるバラを購入したら植えつけ
　この時期出回る苗は、根が生育中なので、根鉢をくずさずに大苗の植えつけ（62ページ参照）や大苗の鉢植え（55ページ）の要領で植え込みます。

新苗の植えつけ
4〜5月は根が生育中なので、根を切ると株が弱るので注意。

今月の管理

- ☀ 日当たりがよく、強風が当たらない場所
- 💧 庭植え、鉢植えとも乾いたら
- 🌱 庭植えは葉色を見て施す、鉢植えは液体肥料と置き肥
- 🐛 病害虫を防除

管理

🏠 庭植えの場合

💧 水やり：1週間に2回たっぷりと

この時期に乾かしすぎると、ブラインド枝（花芽がなくなる）になってしまうことがあります。軒下に植えてあるような、雨が当たらないつるバラには特に注意して水をたっぷりと与えましょう。目安は1週間に2回です。

🌱 肥料：様子を見て施す

葉が黄色いときは追肥を施します。活力剤と液体肥料を施すのも効果的です。

🪴 鉢植えの場合

☀ 置き場：日当たりがよく強風が当たらない場所

日に日に葉が茂ります。並べて置いてある鉢植えの葉が重なり合わないように、間隔をあけるなど調整を。また風を受けて倒れやすくなるので、鉢を固定するなど工夫しましょう。

💧 水やり：表土が乾いたらたっぷり

底穴から水が流れ出るくらい与えます。水切れして葉や新芽がしおれていないか毎日観察しましょう。

🌱 肥料：液体肥料と置き肥を併用

バラ専用の固形肥料（N-P-K=4-6-5など）を鉢土の上に置きましょう。置き肥の施し方は38ページ参照。

🐛 病害虫の防除：黒星病、うどんこ病、べと病、灰色かび病、アブラムシ類、チュウレンジハバチ、ホソオビアシブトクチバ、コガネムシ類、クロケシツブチョッキリ、ゴマダラカミキリの成虫

気温が上がるとともに病害虫が発生しやすくなります。枝や蕾の先端がべとべとして光っていたらアブラムシ類発生のサイン。アブラムシ類は新芽につきやすく、樹液を吸ってつるバラの成長を妨げます。少しでも見つけたら手でこそぎ取って薬剤散布をしてください（81ページ参照）。散布開始初期は、薄い濃度で散布してください（39ページ参照）。

黒星病

うどんこ病

4月

May
5月

今月の主な作業

- 基本 新苗・鉢植え苗の植えつけ
- 基本 花がら切り
- 基本 シュートの誘引
- 基本 お礼肥

基本 基本の作業
トライ 中級・上級者向けの作業

5月のつるバラ

　つるには、葉も茂り蕾がびっしりとつき、待ちに待った開花の時期です。まわりの植物も成長が進み、害虫の活動も活発になります。開花前は特に花のまわりの観察が大事。特に蕾と蕾に近い上部の葉の裏が観察のポイントです。虫に食べられた痕を見逃さずに害虫を捕殺しましょう。ただし管理のことだけに集中しすぎて、せっかく美しく咲くバラを眺める時間を逃さないようにしましょう。

ガゼボの頭上から降るように花を咲かせる'ブラン・ピエール・ドゥ・ロンサール'。

主な作業

基本 新苗・鉢植え苗の植えつけ
花つきの苗で好みの品種を見つける
　購入した苗はそのままの鉢で育てず、庭か鉢に植えつけたほうがよく育ちます。また、つるを伸ばした長尺苗（8ページ参照）も出回るので、状態のよい苗を選びましょう。

基本 花がら切り（44ページ参照）
二番花のために早めに切る
　返り咲き性や四季咲き性のつるバラは、次の花のためにも早めに作業。

基本 シュートの誘引（45ページ参照）
株元付近に隠れていないかチェック
　4月に引き続きシュートを誘引。

基本 お礼肥
花が咲き終わったらお礼の肥料を施す
　植えつけてまもない1～3年目のつるバラは、つるを長く伸ばすために5～9月の生育期には追肥（お礼肥）として、有機質固形肥料を混ぜた腐葉土などの堆肥を株元付近にすき込みます。鉢植えには、お礼肥として置き肥をします（38ページ参照）。

今月の管理

- ☀ 日当たりのよい場所に
- 💧 庭植え、鉢植えとも乾いたら
- 🌱 庭植え、鉢植えとも花後のお礼肥
- 🍃 病害虫を防除

5月

春から秋までは枝を寝かせない　NG!

理由1
生育期の枝はみずみずしく、折れやすい。枝を折らないためにも、曲げずに垂直に軽く誘引。

理由2
枝には、一番高い位置の芽がよく伸びる性質がある（頂芽優勢）ので、枝を倒すと上図のように芽が伸びてしまう。栄養が分散し貧弱な枝が伸びてしまうので、枝を垂直に保って先端の芽だけを伸ばす。

管理

🔼 庭植えの場合

💧 水やり：1週間に2回たっぷりと

花数が少なく、シュートが出ない原因として水分量の不足が考えられます。植えたときに地中が硬かったり、根の張るスペースが狭かった場合や乾きやすい砂地だったりなど、その環境に合わせた水やりが必要です。特に5月の開花前は吸水量が多くなります。水はたっぷりと。

🌱 肥料：花後のお礼肥

有機質固形肥料を混ぜた腐葉土などの堆肥をすき込みます。

🪴 鉢植えの場合

☀ 置き場：4月に準じる

鉢を並べている場合は、鉢の間隔をあけて各株に日が当たるようにします。

💧 水やり：乾いていたらたっぷり

枝先の蕾や葉先を見て下に垂れていたら水切れのサイン。

🌱 肥料：花後のお礼肥は早めに

有機質固形肥料が施しやすいです。

🍃 病害虫の防除：4月に準じる

庭植えのお礼肥

追肥はなるべく広い範囲（株の周囲の半径50cm以上が理想的）に施すと効果的。写真は、地表に腐葉土を厚さ3cm敷き、有機質固形肥料を規定量ばらまいてからスコップで掘りながら混ぜ込んだ例。

基本 花がら切り　適期＝4〜11月

　花がらを残しておくとローズヒップが実る品種もあり、株の体力を余計に使うだけでなく、病気の温床になることもあります。こまめに切り取って株を健全な状態に保ちましょう。ただし、ローズヒップを楽しむ場合は切りません。

大輪咲き
花の外側の花びらが変色したら、花茎の1〜2節を残して切る。

房咲き
花房全体が咲き終わったら、房の下の1〜2節を残して切る。

① 花茎の下を切る
房咲きは終わった花茎から切る。

② 落ちた花びらも回収する
花が終わるころには、花びらが葉の上に落ちていることも。放置すると、ここから病気が発生することもあるので、見つけたら取り除く。

③ 花がらを放置し病気が発生
灰色かび病が発生した花がら。ここからカビが広がることもあるので、花が終わったらできるだけ早く花がらを切り取ること。

NP-M.Fukuoka

基本 シュートの誘引

適期＝4〜9月

つるバラは、花後に新しい枝（シュート）が伸び出します。仕立て方にかかわらず翌年花を咲かせる大切な枝です。4〜9月の間に伸び出た枝を見つけたら、随時、しっかり日が当たるように垂直に誘引し、強風などで折れないように気をつけましょう。

花後に伸びたシュートの誘引法

花後に伸び出した枝は、垂直に誘引する。トレリスなどより高く伸びた枝には十分な高さの支柱を立てて誘引しておく

株元から出る新しい枝は翌年株元に花を咲かせるので、必要な長さを確保して大切にする

夏に枝をふやすための剪定法

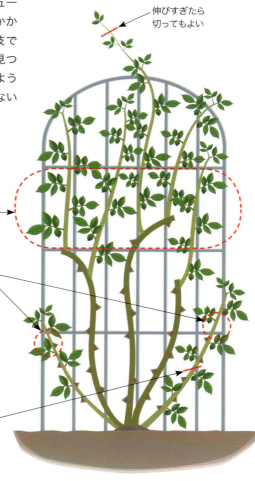

伸びすぎたら切ってもよい

もし、構造物の下方に誘引する枝をふやしたい場合は、写真のように5月に切ると、切り口付近から太い枝が2本程度、年内に伸び出る可能性がある。切り方は葉柄と平行に保って茎を斜めにする。切り口が日に当たるようにして、新芽が出るように促すとよい。

June
6月

今月の主な作業

- 基本 花がら切り
- 基本 シュートの誘引
- 基本 追肥
- 基本 混み合っている枝の整理

基本 基本の作業
トライ 中級・上級者向けの作業

6月のつるバラ

遅咲きや夏咲きのつるバラも咲き終わり、これからは、来年の花を咲かせる枝づくりの時期です。力強いシュートが株元から出てきたら大切にしましょう。秋までに長く伸びて、しっかりと充実した枝になります。繰り返し咲く品種は花がら切りを済ませ、次の開花を待ちます。切り終えたら肥料を施します。梅雨に入ると成長がゆっくりになります。晴れ間を見ながら消毒や不要な枝の整理をしましょう。風通しをよくすることが肝心です。

木製フェンスを覆い隠すほどよく花が咲く'コーネリア'。中心付近に咲くのはクレマチス。

主な作業

基本 花がら切り（44ページ参照）
二番花の花がら切り
一番花と同様に花がらを切ります。

基本 シュートの誘引（45ページ参照）
伸び出たシュートを垂直に誘引
5月に引き続き、株元や茂った葉に隠れた新しいシュートがあったら日が当たるように気をつけながら、垂直に誘引します。

基本 追肥
シュートの伸長を助ける肥料
開花が終わったら、有機質の固形肥料を庭植えには株元付近に規定量ばらまき、鉢植えには鉢土に置き肥（38ページ参照）。

基本 混み合っている枝の整理
生育期は枝の充実に専念する
新しく伸び出た枝が秋までに充実するように、古い枝や来年花が咲きそうにない細い枝をつけ根で切り、余分な栄養が使われないように心がけます。四季咲き性が強い品種で、もっと早くつるを伸ばしたい場合は、花を咲かせず常に蕾を切ると、花に栄養を取られずにつるが伸びます。

今月の管理

- ☀ 日当たりのよい場所に
- 💧 梅雨時期でも乾きに注意
- 🌱 庭植え、鉢植えともに
  チッ素分の多い肥料
- 🐛 食害による株の傷みに注意

管理

🏠 庭植えの場合

💧 水やり：乾いたらたっぷり

梅雨に入り半日以上雨が降ったら控えてもかまいませんが、伸ばしたい株にはたっぷりと水を与えましょう。

🌱 肥料：チッ素分が多い肥料を施す

シュートが伸び出す時期。伸びをよくするために、チッ素分が多い肥料（N-P-K=8-5-5など）を施します。

🪴 鉢植えの場合

☀ 置き場：5時間以上日が当たる場所

梅雨入り後、長雨が続くときは軒下に移動させると病気の発生が軽減します。

💧 水やり：乾いたらたっぷり

毎日の観察が大事な時期です。水切れすると葉の先端がしおれてしまいます。また、水を与えすぎても根腐れを起こします。鉢の大きさとバラの樹高や枝のボリュームを見て、それぞれの鉢に合わせた水やりを心がけましょう。8号鉢で1.5mくらい伸びているつるバラを植えていたら、水やりは毎日欠かせません。

🌱 肥料：チッ素分が多い肥料を施す

伸ばしたいつるバラにはチッ素分が多い肥料（N-P-K=8-5-5など）を施します。梅雨どきには活力剤と薄い液体肥料（N-P-K=5-6-4など）を週に2回程度施すと、シュートの伸びもよくなります。

🐛 病害虫の防除：枝の先端を食害するケムシ、イモムシ類、ゴマダラカミキリの産卵に要注意

伸ばしている途中で先端が食害されてしまうと、一時的につるの伸びが止まります。その後、枝のわき芽が出てほうき状に細枝が伸びてしまいます。そんなときは、一度その下の太い枝まで切り戻しましょう。また、ゴマダラカミキリの成虫が枝を食害し、卵を産みつけることがあります。幼虫は株元や枝の中を食い荒らし、放っておくとバラはやがて枯れてしまいます。株元付近に木くずを見つけたら近くに虫が潜んでいます。産みつけた穴を探し出し、ゴマダラカミキリ用殺虫剤をその穴の中に噴射してください。株元はいつもきれいに掃除して早期発見ができるようにしておきましょう（56ページ参照）。

July
7月

今月の主な作業

- 基本 シュートの誘引
- 基本 暑さ対策
- 基本 混み合っている枝の整理
- 基本 鉢植えの土増し

基本 基本の作業
トライ 中級・上級者向けの作業

7月のつるバラ

夏が到来し、気温が30℃を超えるとつるバラの生育は悪くなります。黒星病で葉を落とした株も生育が止まります。この時期に伸びるシュートは来年花を咲かせる力がある大事な枝です。伸びてきた枝を見つけたら放置せず、垂直に立てて、そのつどシュロ縄や麻ひもで構造物や支柱に結わえて折れないようにしましょう。成長が最優先の株に花が咲いていたら花を摘んで、シュートが伸びるタイミングをつくりましょう（花を咲かせていると伸長は止まります）。

シュラブローズの'ゴールデン・ウィングス'と一緒に咲くピンクのつるバラ'フェリシア'。

主な作業

基本 シュートの誘引
つるの途中から出たシュートの誘引

この時期になると株元付近だけでなく、つるの途中からもシュートが発生します。横から伸びたシュートは構造物からはみ出たり、下垂することがあるので、見つけたら上へ垂直に伸びるように誘引しながら、大切な枝が折れないように工夫しましょう。

基本 暑さ対策
マルチングや遮光をして暑さ軽減

強すぎる日ざしによるダメージを軽減するために、日を遮る工夫をします。バークチップなどで株元の表土を覆ったり、鉢植えは花台やブロックなどで鉢底を地面から離すと、過度な温度上昇と乾燥を抑えることができます。

基本 混み合っている枝の整理
日当たりと風通しを確保する剪定

6月に引き続き細い枝などを剪定。

基本 鉢植えの土増し
花後に土増しをすると夏越しに効果的

花が終わったら、根鉢をそっと抜いて一回り大きい鉢に移します。鉢底や周囲のすき間に植えつけ時と同じ用土

今月の管理

- 西日を避ける
- 乾いたらたっぷり
- 鉢植えは液体肥料や活力剤が効果的
- ハダニ類に注意

（10ページ参照）を足すと、新たに根を伸ばすスペースができて生育が旺盛になり、夏越しが楽になります。

鉢植えの土増し

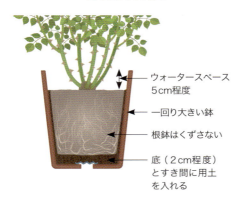

- ウォータースペース5cm程度
- 一回り大きい鉢
- 根鉢はくずさない
- 底（2cm程度）とすき間に用土を入れる

管理

庭植えの場合

水やり：毎日か1日おきにたっぷりと

6月に準じます。また、高温多湿になり風通しが悪いと枝が枯れたり、根腐れを起こしやすくなります。珪酸塩白土（11ページ参照）を表土に混ぜると根腐れしにくくなります。

肥料：チッ素分が多い肥料を施す

伸ばしたいバラには6月に準じて肥料を施します。

鉢植えの場合

置き場：西日を避ける

地面が熱くなる場所は花台などで鉢底を地面から離して風通しを確保。

水やり：乾いたらたっぷり

6月に準じます。

肥料：葉色を見ながら施す

週に2回程度、薄めの液体肥料（N-P-K=5-6-4など）と活力剤を施すと効果的です。伸ばしたいバラにはチッ素分が多い肥料を施しましょう。

病害虫の防除：ハダニ類に注意

葉が繁茂して乾燥する時期は、葉裏にハダニ類が発生します。午前中に強い水のシャワーを株全体に噴射してハダニ類をはじき飛ばすとともに、風通しをよくしましょう。ハダニ類がひどくなるとクモの巣が張ったようになります。早めに発見し、卵、幼虫、成虫に適用のある薬剤を使いましょう。

August
8月

今月の主な作業
- 基本 シュートの誘引
- 基本 細枝の整理
- 基本 暑さ対策
- 基本 台風対策

基本 基本の作業
トライ 中級・上級者向けの作業

8月のつるバラ

近年の猛暑は、つるバラにもダメージを与えます。台風が到来する時期でもあるので、枝が折れないようにひもで構造物に固定したり、束ねたりして保護し、生育が衰えないように活力剤を施すのもよいでしょう。生育が進んで根詰まりを起こした鉢植えは、そのまま放っておくとさらにダメージがひどくなるので、鉢増しを。

鉢植えで流れるように誘引してコンパクトに咲かせた半つる性の'ガートルード・ジェキル'。

主な作業

基本 シュートの誘引
折れたり曲がったりしないよう注意

伸び出たシュートは、放っておくと折れたり曲がったり、フェンスやアーチの構造物をくぐって絡まってしまうなどのアクシデントが起こります。定期的に見回り、つるが上に伸びるように誘引しましょう。

基本 細枝の整理
病害虫対策や秋バラ開花のための剪定

いろいろな枝が至るところから伸び出して混雑します。こまめに細枝を切って整理し、風通しを確保し、病害虫の予防をします。また、返り咲き性や四季咲き性の品種は秋に花を咲かせるために8月下旬〜9月中旬に夏の剪定をします。

基本 暑さ対策
マルチングや遮光をして暑さ軽減

7月に引き続き、暑さ対策の工夫を。

基本 台風対策
強風でつるが傷まないよう束ねる

台風の上陸予報が出たら、つるが風にあおられないように束ねましょう。

今月の管理

- ☀ 暑さに弱い品種は半日陰に移動させるか鉢植えの土増しをする
- 💧 鉢植えは午前中にたっぷりと
- 🟫 庭植えは活力剤、鉢植えは量を加減
- 🦠 黒星病の防除・治療

夏～秋は枝やシュートの整理に専念

伸びすぎたつるは、スペースに収まるように切り戻す。

オベリスクやフェンスなど、構造物につるが入り込んでしまわないように短く柔らかいうちに抜き出しておく。

管理

🏠 庭植えの場合

- 💧 **水やり**：7月に準じ毎日か1日おきにたっぷりと
- 🟫 **肥料**：7月に準じる
  生育が衰えないよう活力剤も施す。
- ● **その他**：除草
  雑草を抜いて病害虫発生防止。

🪴 鉢植えの場合

- ☀ **置き場**：株の状態によって対応
  乾きが激しくなり夕方ぐったりと枝先がうなだれる場合、半日陰に移動させるか一回り大きい鉢に植え替えて土増し（49ページ参照）をしましょう。
- 💧 **水やり**：午前中にたっぷりと
  日中の水やりは禁物。夕方は葉にかけないほうが黒星病の発生が抑えられます。
- 🟫 **肥料**：暑い時期なので量を加減する
  1回の量を減らして回数を分けます。
- 🦠 **病害虫の防除**：黒星病の防除・治療
  お盆過ぎから黒星病が発生。油断せず、専用の薬剤で予防を。発生したら薬剤を散布して治療（79ページ参照）。

8月

September
9月

今月の主な作業

- 基本 半つる性バラの剪定
- 基本 シュートの処理、くせをつける
- 基本 台風対策
- 基本 鉢植えを庭植えにする

基本 基本の作業
トライ 中級・上級者向けの作業

9月のつるバラ

　残暑が厳しい場合は、返り咲きをする品種の夏の剪定は少し遅らせましょう。また、一季咲きのバラや春に新苗を植えつけた株はつるを伸ばして、充実させる（堅く締まった枝にする）ことを中心に手入れをします。周囲の茂った葉によって新しいシュートに日が当たらなかったり、隠れていて新しいシュートを見逃してしまったりしないように注意しましょう。

春以降に伸びた太くてしっかりした枝（シュート）にしっかり日が当たるように気をつける。

主な作業

基本 半つる性バラの剪定
秋のバラを咲かせるための剪定

　9月上〜中旬になったら、返り咲き性や四季咲き性の半つる性バラは、枝の先端から3分の1程度、株全体を切り戻します。細い枝が混み合っていたら間引くなどして、株全体に日が当たるようにバランスを見て剪定をします。余分な枝が減ることで、花芽をつけるほうへ力が回るようになります。剪定が終わったら、枝が重ならないように広げ、切り口に日光が当たるようにすると花芽がつきやすくなります。

基本 シュートの処理、くせをつける
今月まで伸びた枝は来年活躍する枝

　5月以降伸び出たシュートはしっかり生育したころ。冬の剪定と誘引に向けて、構造物のどの場所に誘引するか、長さが足りているか確認をしながら、誘引したい場所の方向へつるを引き寄せて、ひもで仮留めをしておきます。

基本 台風対策
強風でつるが傷まないように束ねる

　8月に引き続き、台風の上陸予報が出たら事前につるを束ねるなど対策を。

今月の管理

- ☀ 日当たり、風通しのよい場所
- 💧 乾いたらたっぷり
- 🌱 庭植え、鉢植えともに様子を見て施す
- 🐛 病害虫の捕殺と薬剤散布

基本 鉢植えを地植えにする

春に鉢植えしていた株を庭に植える

春に植えつけた新苗など、半年以上鉢で育ててきた株は庭植えにしてもよい時期です。つるを誘引する場所や植えつける場所を確保したら、大苗の植えつけ（62ページ参照）の要領で、土を広く深く掘って植えつけましょう。植えつけたら、たっぷり水やりを。

病害虫対策 日ごろのチェックポイント

害虫のふん　NP-M.Fukuoka

ガなどの卵　NP-M.Fukuoka

害虫や卵は蕾や花の中、葉の上や裏、枝に付着していることが多いです。日ごろから観察を続けていると目が慣れ、害虫を見つけやすくなります。例えば、葉の上に黒く細かいふんを見つけたら、近くに幼虫が隠れています。探して捕殺を。

管理

🏠 庭植えの場合

💧 **水やり：乾いたらたっぷりと**

株元付近の硬くなった土を軽く耕すと水の浸透がよくなります。

🌱 **肥料：専用肥料をばらまき**

葉が黄色がかったり、シュートの伸び具合が衰えたようなら、表土にバラ専用の固形肥料を規定量ばらまきます。

🪴 鉢植えの場合

☀ **置き場：日光が5時間以上当たる場所**

夏に半日陰や家の東側へ移動させていた鉢植えは、日が当たる場所へ戻します。

💧 **水やり：乾いたらたっぷりと**

鉢土が乾きづらくなるころまでは毎日乾き具合を見て、鉢底から流れ出るまでたっぷり水を与えます。

🌱 **肥料：株の様子を見て置き肥**

葉やシュートの様子により鉢土の上に有機質固形肥料を規定量置きます（38ページ参照）。

🐛 **病害虫の防除：病害虫の捕殺と薬剤散布**

引き続きよく観察し捕殺と薬剤散布。

October
10月

基本 基本の作業
トライ 中級・上級者向けの作業

今月の主な作業

- 基本 細枝の整理
- 基本 花がら切り
- 基本 大苗の鉢植え
- トライ バラと合わせる宿根草類の栽培計画
- トライ 日当たりと風通しの確保
- トライ ローズヒップの収穫

10月のつるバラ

　涼しくなると、再びつるバラの生育がよくなり、太めのシュートが新たに出ることも珍しくありません。しかし、日に日に気温が低くなるため、このころ発生したシュートは充実せず、水っぽく未熟なままで冬を迎えることになり、そのシュートはおおむね枯れてしまいます。ですから10月中旬から出るシュートはつけ根から切り取って、今ある枝によく日を当てましょう。

ローズヒップが実る品種は、花がらを残しておくと赤く色づき始める季節。

主な作業

基本 細枝の整理
時間があるときに細枝を切っておく

　冬の休眠期が近づいているので来年主役になる枝以外は今後の生育に必要ありません。2月までに行う剪定作業を待たずに、時間があれば明らかに必要がなさそうな細い枝や長すぎるつるは切っておくと、あとの作業が楽です。

基本 花がら切り
花がらが残っていたら切り落とす

　見た目にもよくないので、花がらは切り取ってすっきりさせましょう。

基本 大苗の鉢植え
流通が始まる大苗の植えつけ適期

　買ったままの鉢で育てず、植えつけられている鉢よりも二回り大きい鉢を用意して植え替えます。

　葉がない休眠期の植えつけなので、根鉢をくずし（根鉢の肩と底4分の1を落とす）、既存の用土を落としてから植え込みます。鉢に3分の1程度土を入れたら、根を広げ、間に土が入り込むように植え、最後に鉢底から水が流れ出るまでたっぷり水を与えます。

今月の管理

- ☀ 日当たり、風通しのよい場所
- 💧 植えつけたばかりの株は水切れに注意
- 🟩 庭植えはお礼肥、鉢植えは置き肥
- 🟢 黒星病や灰色かび病などの病害虫に注意

大苗の鉢植え

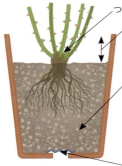

- つぎ口が埋まらないように
- ウォータースペース5cm程度
- 培養土
  ＋有機質固形肥料
  （11ページ参照）
  ＋鉢底石厚さ2cm
  （水はけがよい用土なら鉢底石は敷かない）
- 鉢底網

トライ バラと合わせる宿根草類の栽培計画
バラと一緒に咲かせたい苗を確保

バラが開花するころに咲くデルフィニウムやジギタリス、株元の地面を隠す宿根草などのグラウンドカバーは、冬前にバラの近くに苗を植えつけると春までに株が充実してボリュームが出ます。また、積雪がある地域では、積雪前に植えつけてバラの開花までに成長が追いつくようにしましょう。

トライ 日当たりと風通しの確保
周囲の木の剪定や株元の環境改善

周辺の環境を確認（56ページ参照）。

トライ ローズヒップの収穫
赤く色づいた実を切り取る季節

実の楽しみ方は、57ページ参照。

管理

🡅 庭植えの場合

💧 **水やり：乾いたらたっぷりと**

乾くまでは与えなくても大丈夫です。ただし、植えつけたばかりの株は水切れに注意しましょう。

🟩 **肥料：お礼肥**

🪴 鉢植えの場合

☀ **置き場：日当たりが5時間以上で、風通しのよい場所**

💧 **水やり：乾いたらたっぷり**

🟩 **肥料：お礼肥や置き肥**

花が終わった株はお礼肥として有機質固形肥料を施します。葉色やシュートの出具合に応じて有機質固形肥料を置き肥。

🟢 **病害虫の防除：黒星病、灰色かび病、さび病、ヨトウムシ類**

長雨が続くときは要注意。雨前の防除も効果があります。夏から黒星病が完治していない場合は継続して薬剤散布。病気は冬の間も残ります。オオタバコガやコガネムシ類に要注意。

10月

トライ 日当たりと風通しの確保　適期＝9〜10月

　夏の強い日ざしを遮って、つるバラの葉焼けを防いでくれた木陰が株の周囲にある場合は、軽く剪定をしてつるバラに日が当たるようにしましょう。
　株元にも日が当たり、風通しがよくなると病害虫の発生予防になります。

日当たりの確保

① バラの日当たりを確認
右に植わっているシマトネリコの枝の陰（○印）になっているので、日当たりがいまひとつ。

② 陰をつくっている枝を剪定
枝を間引くことで日当たりと風通しが改善され、病害虫発生の予防も期待できる。

③ 日が当たるようになった
バラへの日当たりが改善。しっかり光合成をして養分をつくれる環境になった。

風通しの確保

① 株元付近の環境をチェック
株元に下草が茂っていると、害虫などのすみかになることも。

② 株元の風通しを改善
下草を取り除いたことで株元がすっきりした。

トライ ローズヒップの収穫

適期＝10月下旬

ローズヒップが実る品種は、花がらを残しておくと秋ごろに赤く色づいた実を収穫することができます。

子房がふくらみ、色づき始めたころ（右写真）。このように実をつけさせると株がとても体力を使うので、冬越しのための力を蓄えるためにはあまり望ましくない。でもローズヒップティーを楽しめる程度に少量実らせるのはつるバラ栽培の楽しみの一つ。写真はロサ・カニーナの花とローズヒップ。

Column
景色を楽しむローズヒップ

食用には不向きですが、実がついた枝を剪定して、リースなどの飾りにも活用できるつるバラ2品種をご紹介します。

小ぶりのローズヒップが、アクセサリーのような一季咲きの'ボビー・ジェイムズ'。

シルバーグリーンの葉と一季咲きの花が愛らしいロサ・グラウカ。夏は紫がかった独特な色合い（右）、秋はオレンジ色のローズヒップ。冷涼な地域で栽培しやすい。

バラの果実ローズヒップはビタミンCがレモンの20倍も含まれているといわれ、ハーブティーとして楽しまれている。乾燥させてから細かく砕いて使う。ロサ・カニーナなど、大粒のローズヒップが砕きやすく使いやすい。
＊食用する際には、薬剤を使用しないこと。

上左／摘みたてのノイバラのローズヒップと、乾燥させたロサ・カニーナのローズヒップ。上右／乾燥させて細かく砕いた、ロサ・カニーナのローズヒップ。
左下／そのままだと青臭いことがあるので、バニラビーンズを加えると風味がまろやかになって、飲みやすい。

November 11月

基本 基本の作業
トライ 中級・上級者向けの作業

今月の主な作業

- 基本 花がら切り
- 基本 防寒対策
- トライ 植え穴を掘る
- トライ 来春に向けて誘引計画を立てる

11月のつるバラ

　気温がぐっと下がり、早霜が降りるころ。青々と茂っていた葉は、株の下方から次第に黄変して茶色くなり、落葉します。花は咲かせていてもかまいませんが、蕾は開かずに腐ってしまうので、中旬以降は切ってしまいましょう。12月下旬になるとつるバラは休眠します。それまで寒冷地以外では何もせずに自然にまかせましょう。徐々に寒さが当たることで、休眠のスイッチが入ります。

今年はどこにどれだけ花が咲いたか、覚えておくと、冬の剪定と誘引作業に役立つ。写真のバラは'ウルマー・ミュンスター'。

主な作業

基本 花がら切り
残っている蕾も一緒に花茎から切る
　花もちがよい品種をいつまでも咲かせていると体力を消耗します。

基本 防寒対策
寒さで傷む前に不織布などを巻く
　つるバラは寒さに耐える強い植物ですが、－5℃以下になる地域は株元付近を中心に、不織布を二～三重に巻いて強風が直接当たらないようにしましょう。株元に腐葉土やピートモスなどでマルチングするのも効果的です。

防寒対策
あまり剪定をせずに、葉がついた状態のまま不織布で巻いてよい。構造物に誘引されていたら株元を中心に覆う。不織布が風で外れないように、麻ひもなどで留めておく。

今月の管理

- ☀ 寒さが当たらない南側
- 💧 庭植えは不要、鉢植えは乾いたら午前中に
- 肥料 庭植え、鉢植えとも不要
- 🌿 生育期に備えて病気予防

特に庭に植えつけたばかりの株や植えつけてまもない鉢植えも、防寒対策が必要です。防寒対策をしないで根まわりが凍結した日が続いたり、寒風にさらされ続けたりすると脱水状態になり、枝がしおれたり株が枯れてしまう可能性があります。また、鉢植えは室内など10℃以上の場所に置いてしまうと、休眠できずに芽が出てしまい、株にダメージを与えます。不織布は2月下旬に外します。

トライ 植え穴を掘る
植えつけ前に深く大きな穴を用意

大苗の植えつけや、移植する株がある場合、また、鉢植えから庭植えに替えるなど、植えつける予定がある場合は、穴掘りを早めにしておきましょう。すべてのつるバラに共通してなるべく深く大きな穴を用意します。土を掘るのはとても体力を使うので、少しずつ計画的に掘っておくことをおすすめします(62ページ参照)。

トライ 来春に向けて誘引計画を立てる
今年伸びたつるが収まる場所を用意

誘引場所が足りない場合は、構造物を用意したり誘引場所を確保します。

管理

🌱 庭植えの場合

- 💧 **水やり:不要**
- **肥料:不要**
- ⚪ **その他:株元を掃除する**
  病原菌や害虫の卵などが潜んでいる可能性があるので、落ち葉や雑草、枯れた下草などを掃除します。

🪴 鉢植えの場合

- ☀ **置き場:寒さが当たらない場所**
  冷たい風の当たらない南側の場所。特に植えたばかりの大苗は注意。
- 💧 **水やり:乾いたら暖かい日の午前中に**
  鉢土が乾くのに日数がかかるようになります。乾いたら、暖かい日の午前中にたっぷり与えます。
- **肥料:不要**
- 🌿 **病害虫の防除:殺菌剤の散布**
  この時期の防除はとても大切です。殺菌剤を散布をしてバラを休眠させましょう。春までに病害を減らすのが目的です(84ページ参照)。

11月

December
12月

今月の主な作業

- 基本 寒肥と土壌改良
- 基本 大苗の植えつけ
- 基本 剪定と誘引
- 基本 鉢植えの土替え

基本 基本の作業
トライ 中級・上級者向けの作業

12月のつるバラ

つるバラの枝は赤みを帯びて、堅く締まってきます。いよいよ休眠期に入ります。あまり急いで誘引すると、芽がこの時期に出てしまうので、焦らずに12月中旬ごろから剪定や誘引の作業を始めましょう。蕾や花があったら、切って花瓶に生けて楽しみ、株を休ませましょう。まだ葉を取る必要はありません。鉢植えは凍る前に土替えをすると楽です。

新たにバラを絡ませる場所を見つけるなど、来年の計画を立てる時期。柱もつるバラを絡ませるのにおすすめ。品種は'フェリスィテ・エ・ペルペテュ'。

主な作業

基本 **寒肥と土壌改良**（77ページ参照）
剪定と誘引の合間に晴天の日に行う
　硬くなった土を耕し肥料を施します。

基本 **大苗の植えつけ**（62ページ参照）
新しい苗は2月までに植えつける
　鉢で養生していた苗も庭に植えつける時期。

基本 **剪定と誘引**（64ページ参照）
2月完了を目標に計画的に作業開始
　日没が早く、年末に向けて日常生活も忙しい時期なので、何株もつるバラを育てている場合は、作業の順番を考えて計画的に進めましょう。

基本 **鉢植えの土替え**（61ページ参照）
植えつけた鉢のままで土を半量替える
　1年間育てた鉢植えのバラは、鉢の中いっぱいに根が育っています。鉢を一回り大きくして植え替えができる場合は、固まった根鉢を少しくずし、絡まり合った表面の根を軽く切り取ってから新しい用土を入れて植えます。大型の鉢に植えてある場合や、重くて鉢を動かせない場合は、毎年この時期に掘り返す場所を変えて半量ずつ土替えすることをおすすめします。

今月の管理

- ❄ 寒風が当たらない家の南側や壁際など
- 💧 乾いたら午前中に
- 🌱 庭植えは寒肥、鉢植えは不要
- 🐛 バラシロカイガラムシなどを駆除

基本 大型の鉢植えの土替え手順

❶ 株元から少し離れた、鉢土の3分の1程度を入れ替える。片側にノコギリのような刃がついた根切りナイフがあると便利。

❷ 根を切りながら掘り進め、古い土と根を鉢から取り出す。

❸ 鉢底が見えるまで掘り返す。このとき、根が成長しているか、根腐れをしていないかも確認。

❹ 新しい根を伸ばすため培養土に肥料や腐葉土などを混ぜ込んで、新しい土を入れて、水をたっぷり与えて終了。

管理

🏠 庭植えの場合

- 💧 **水やり：不要**
- 🌱 **肥料：寒肥**（77ページ参照）
  土壌改良と同時に寒肥を施します。

🪴 鉢植えの場合

- ❄ **置き場：寒風が当たらない南側**
  11月に準じます。
- 💧 **水やり：乾いたら暖かい日の午前中**
  11月に準じます。
- 🌱 **肥料：不要**
- 🐛 **病害虫の防除：バラシロカイガラムシ、アブラムシ類、オオタバコガ**

  枝にバラシロカイガラムシが付着していたら、歯ブラシなどでこすり落とし、薬剤を枝にまんべんなく散布します。この時期もまだアブラムシ類やオオタバコガなどが潜んでいます。見つけたら薬剤散布をするか捕殺しましょう（84ページ参照）。

バラシロカイガラムシ

基本 大苗の植えつけ

適期＝12〜2月

　10〜12月に入手した大苗や長尺苗は、なるべく早く植えつけを行います。ここでしっかり穴を掘って、土壌改良をしてから植えつけることで、何年先も根を伸ばせる環境づくりにつながります。土質を改善できる絶好のチャンスなので、現在の土質を確認して、植えつけましょう（土壌改良材の説明は11ページ参照）。

庭植え用堆肥と土壌改良材

腐葉土　　　牛ふん

珪酸塩白土　　ヤシ殻

用意するもの

大苗（ここでは'ピエール・ドゥ・ロンサール'）、スコップ、培養土、有機質固形肥料、土入れ、ネームプレート。ほかに支柱と麻ひもも用意する。

培養土と肥料の準備

掘り上げた土に石が混じっていたら取り除く。培養土と有機質固形肥料をあらかじめ混ぜて準備する。

1 植え穴を掘る

深さ50cm、直径50cmの植え穴をしっかり掘る。土が硬い場合や障害物があり深く掘れない場合は、浅く広く掘る。

3 穴に肥料と堆肥を入れる

掘り上げた土の状態によって、改良材と肥料を入れる。よくない土なら、まるごと培養土に替えてもよい。

4 植え穴に土を戻し入れる
苗を植えつける分の深さを残して、改良材と肥料をよく混ぜた土や培養土を穴に戻し入れる。

5 苗を穴に据える
ポットから抜いた苗の根を軽くほぐし、根を広げて植え穴に据える。

6 根の上に土をかぶせる
つぎ口（○印）が地中に埋まらない高さに苗を据えたら、根が隠れるように土をのせる。

7 土を上から押さえる
植えつけた周囲を手のひらで押さえたら、ジョウロでたっぷり水を与える。

8 支柱につるを結束する
根を傷めないように注意して株元付近に支柱をさし、軽く麻ひもなどでつるを留める。

9 ネームプレートをつけて完成
名前がわからなくならないようにネームプレートをさしておく。地域によっては不織布を巻いて防寒対策をする（58ページ参照）。

基本 つるバラの剪定と誘引の基本

適期＝12〜2月

1月下旬までに剪定・誘引を済ませる

つるバラの誘引は12〜2月まで可能です。しかし、早い時期のほうが枝が柔軟で折れにくく誘引しやすいので、12月中旬〜1月下旬に行うのがおすすめです。早く行ったほうが芽が充実し、花数が多くなるというメリットもあります。アーチやオベリスク、フェンスなど誘引する構造物が違っていても共通する剪定と誘引の押さえておきたいポイントを解説します。

冬に剪定・誘引をする理由

剪定の目的は、枝の密度や高さ・長さを調整することと、古いシュートを新しいシュートに更新して株を活性化させることです。

新しい枝のほうが花が咲きやすいので、12〜2月の剪定が重要になります。

もし、剪定を行わなかったとしたら、枝先はつまようじのように細くなり、出てくる枝も貧弱になってしまいます。そして、花は中途半端なところで咲き、美しくありません。また、前年の枝が混み合っているので、春の花数も少なくシュートの更新もされません。

風通しが悪くなって病害虫の被害が早期から出るおそれもあるので、バラが休眠期に入る冬の間に、計画的に剪定と誘引の作業を終わらせましょう。

新しいシュートを生かす

つるバラは、前年に伸びたシュートに花を咲かせる性質があります。そのため、新しいシュートを根元から切ってしまうと花を咲かせないので、つるの新旧を見分け、切るか生かすかを考えながら作業を進めます。

6〜8月ごろに伸びた新しいシュートは、翌年花をよく咲かせるので残す。つるバラは新旧のつるをうまく交替させて樹勢を弱らせないようにすれば長生きする。

2〜3年たった古い枝から出た新しい枝を1〜2芽残して先端を切り落とすのも剪定。

剪定で切る枝、残す枝

剪定では、枯れ枝や細く短い貧弱な枝などをまず切ります。また、10月以降に伸びたシュートはまだ柔らかくて水分が多く、冬の間に枯れてしまうことが多いので切り取ります。

枝の断面

切る枝

残す枝

左の「切る枝」は、枝は細く、木質部が薄くて、スカスカした柔らかい髄（ずい／茎の中心にあるスポンジ状の組織）が大きい。右の「残す枝」は、枝が太く、堅くなった木質部が厚くて、髄は小さい。

枝の側面

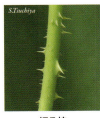
切る枝

残す枝

左の「切る枝」は、未熟で柔らかく透明感がある。とげは緑色。右の「残す枝」は、堅く締まり、充実している。とげは赤茶色か白。

品種別の特徴を知る

誘引のコツは品種別の特徴を知ることです。切った枝のどこに芽が出て何cm伸びたら蕾がつくのか。枝は上に伸びるのか、横に広がるのかなど。特徴がわかると、誘引によって思った場所に花を咲かせることができます。

花茎の長さや咲く枝をチェック！

残った葉は剪定作業後に取り除く

1月以降も葉が残っていたら、作業後にすべて取り除きましょう。そうすることで速やかに休眠に入り、春先には一斉に芽吹きます。剪定・誘引の時期になると、すでに芽が出始めている場合があるので、葉は手で強引にむしり取らず、剪定バサミなどで葉のつけ根を少し残して切ります。

基本 つるバラの剪定と誘引の基本

充実したつるを残して水平に誘引

アーチやオベリスク、フェンスなど、仕立て方や誘引スペースに応じて必要なつるの長さや密度を調整しましょう。枝を間引く場合は充実したつるを残し、残したつるは水平に倒して、つるどうしが水平または斜め上になるように配置します。

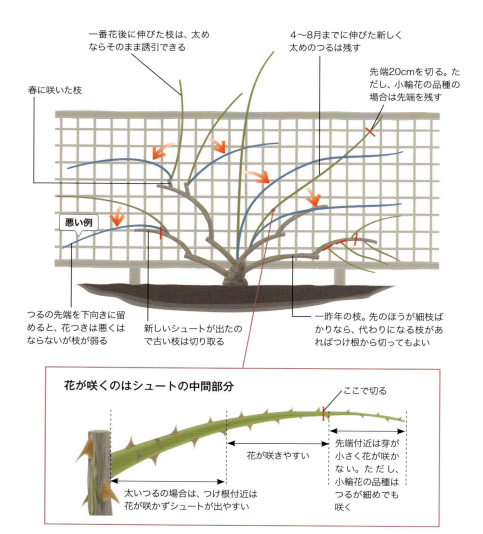

一番花後に伸びた枝は、太めならそのまま誘引できる

4～8月までに伸びた新しく太めのつるは残す

先端20cmを切る。ただし、小輪花の品種の場合は先端を残す

春に咲いた枝

悪い例

つるの先端を下向きに留めると、花つきは悪くはならないが枝が弱る

新しいシュートが出たので古い枝は切り取る

一昨年の枝。先のほうが細枝ばかりなら、代わりになる枝があればつけ根から切ってもよい

花が咲くのはシュートの中間部分

ここで切る

太いつるの場合は、つけ根付近は花が咲かずシュートが出やすい

花が咲きやすい

先端付近は芽が小さく花が咲かない。ただし、小輪花の品種はつるが細めでも咲く

基本 フェンス仕立ての剪定と誘引

適期＝12～2月

作業前

夏の間に伸びた枝を、斜め上に向けて留めておいた、'ハニー・キャラメル'のフェンス仕立て。一度すべての誘引ひもを外して作業を開始。

1 太くしっかりしたつるを留める

フェンスの向こう側などに出てしまったつるは手前に引き出す。太くしっかりしたつるをフェンスにわせて下方から留める。翌年よい枝が出るように、垂直に誘引する。

2 長いつるを斜め上へ誘引

フェンスの高さに対して、つるの長さが足りないので、上に伸びるように促す誘引を行う。まず、夏に伸びたしっかりしたつるを斜め上へ誘引し、枝が細くか弱い先端を切り落とす。

か細い枝を切って枝を整理

下に垂れした枝を斜め上に向けて配置し、先端のか細い枝はすべて切り落とす。細い枝を残していても春によい花は咲かない。

3

4 隣のつると離して斜め上へ

最初に誘引したつるに重ならないように、ある程度の間隔をあけるように、少し倒して斜め上に向けて誘引し、葉を取りか細い枝は切り落とす。

5 すべての枝を配置して終了

扇状につるを広げてフェンスに誘引し、細い枝を切り落としたら、最後に残った葉を切り取って終了。

基本 アーチ仕立ての剪定と誘引

適期＝12〜2月

つるバラのアーチを仕立てる

　とげが少なく、しなやかな枝をもつ半つる性のバラ'ルイーズ・オディエ'の鉢植えをアーチの左右に1株ずつ配置したアーチ仕立てを例に剪定と誘引のポイントをご紹介します。

用意するもの
剪定バサミ、作業用の皮革製手袋、剪定ノコギリ、高枝切りバサミ、麻ひも、シュロ縄など。ほかに、脚立があると作業がしやすい。

つるをアーチから外す
アーチにつるを留めつけている誘引ひもなどをすべて外す。

作業前
枝が伸び放題になってしまい、左右のバランスも悪くなっている。

アーチの内側に入り込んだつるを抜く
内側に入り込んでしまったつるを抜く際、折らないように、内と外の両側から押さえながら慎重に行う。

3

枯れ込んだ枝

極端に細い枝

冬間近に伸びた未熟な枝

不要な枝を剪定する

枯れた枝や極端に細い枝、冬間近に伸びた未熟な枝など、翌年に花を咲かせる力のない不要な枝をつけ根から切り取る。

4

つるが構造物に沿うように鉢を動かす

鉢植えの場合は、誘引を始める前に、つるの位置が構造物に最も近くなるように、鉢を回すなどして調整する。

5

一番長いつるをアーチの頂上に留める

株のなかで一番長いつるをアーチの頂上に麻ひもなどで留めて、誘引のベースとする。

6

上に飛び出た枝を倒して留める

アーチに沿って花が咲くように垂直に飛び出た枝は倒して、アーチに留めつける。

アーチ仕立ての剪定と誘引

下から順に、つるをまんべんなく配置
花を咲かせたい位置をイメージしながら、つるを横に倒して構造物に留めつける。

使わなかったつるを根元から切る
アーチに収まりきらない長いつるが残った場合は、思いきって根元から切る。

構造物からはみ出たつるは先端を切る
つるを配置しながら、アーチに収まらないはみ出たつるは先端を切り落とすとよい。

作業終了
アーチにまんべんなく枝が行き届き、すっきりとした姿になった。

姿を整える
ある程度つるをアーチに留めたあと、まだ誘引されていないつるが残り、混み合っている場所はつるを短く切る。

つるはゆったりと配置する

　誘引は葉が少ないつるを扱う作業なので、構造物に配置していくとき、つい密にしてしまいがちです。しかし、花が咲く前の3～4月になるとたくさんの葉が出てきます。この葉が混みすぎると、お互いの枝葉を暗くしてしまう結果、花芽がつかないこともあります。つるとつるの間隔をゆったり残して誘引することで、花つきが増します。

完成した上部のつるの配置

上方に配置する枝が足りない場合、反対側から持ってきた長い枝をUターンさせてすき間を埋めるのも一つの方法。

完成したアーチ中～下部のつるの配置

アーチにまんべんなく花を咲かせるため、つるを倒して先端を切ったり、S字に曲げたりしてつるを配置。

つるの枝先の配置

花が咲く位置を考えながら、適度な間隔をあけて、切り口が縦に並ばないように枝を配置する。

基本 オベリスク仕立ての剪定と誘引　適期＝12〜2月

オベリスク仕立ての剪定と誘引の作業ポイント

　誘引方法には、生育の状況によって2つの選択肢があります。1つは「構造物全体をとにかく花でいっぱいに咲かせる（景観上の誘引）」、2つ目は「まだ植えてまもないので、構造物を覆うほどつるがない。よいつるをふやすために生育に専念させる」誘引です。

　つるバラは日に向かって伸びていくので、よいシュートを出すためには、垂直に立てて誘引します。花をいっぱい咲かせたいならば、つるを横に倒して誘引します。これからご紹介する例は、「花の量をふやすよりも、よいシュートが出るように促す」誘引方法です。なるべく全体に花が咲くようにしながらも、翌年によいシュートが出るように意識して、元気なつるを生かしながら仕立てていきます。なお、使用する道具は、68ページと同様です。

よいつるを見分けて、切るつる、残すつるを決める

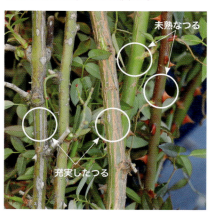

未熟なつる
充実したつる

優先的に使う、元気なつるの先端。

使い道がなければ切るつるの先端。

　株の下方にあるつるを並べてみると、表面の質感の違いがよくわかります。写真右側の一見みずみずしいつるは、伸び出たばかりなので、今後冬を越すことがなく枯れる可能性があるので切ります。表面に筋が入っているつるは充実しているので、優先的に使います。充実したつるが何本もある場合は、上写真のようにつるの先端をたどり、枝数が多いほうを優先的に使います。

作業前

〝つるポンポン・ドゥ・パリ〟のオベリスク仕立て。左下が株元。つるが伸び放題だが、充実した長いシュートが少ない。

作業に必要がないつるを束ねる

作業をしているつるとほかのつるが交差して、誤って切り落とさないように、作業前のつるは、ひもで束ねる。

1 つるをオベリスクから外す

構造物につるを留めつけている誘引ひもをすべて切って外す。

2 長いつるから誘引を開始

優先的に使う元気なつるのなかで、一番長いつるをオベリスクに沿わせ、つるがどこまで届くかを確認。

4 下方から上へつるを留める

株元に一番近いところから順番に、上に向かってオベリスクにつるを留める。

5 オベリスクにしっかり留める

なるべく縦と横の支柱が重なった頑丈な位置に誘引ひもで留めつける。

6 混み合った場所の枝を整理する

枝の太さを比較しながら細い枝から順につけ根から切り落とす。残っている花がら（○印）や、飛び出た小枝も切り落とす。

7 オベリスクを抱えるようにつるを配置

つるがどう伸びて、広がっているかを見ながら、オベリスクにぴったり沿うように配置して、留める。伸びる方向に逆らって留めると、枝がねじれて、収まりが悪くなる。

このあたりに春以降、新しいシュートが出る

新しいシュートが出るように促すつるの配置方法

来春以降、もっと元気でよいシュートが出るように、今、元気な太いつる（★）の樹勢を弱らせないように細いつるを垂直に誘引（☆）。同時に、つるに日が当たるようにすき間をあけて留める。

全体に似たような太さの枝が出ているつるの剪定ポイント

枝の整理前 ⑧。極端に細い枝や短い枝を切り落としたあと、細くか弱いつるの先端を切り詰める。切り詰める場合は、○印 ⑨ のように飛び出た芽（よい頂芽）のすぐ上で切る。枝を整理したら ⑩、2番目に長いつるを、オベリスクの上方に配置する。

2本目のつるの誘引が終了

勢いがあり、一番長いつるの誘引のあと、2番目に長いつるの誘引が終わった。引き続き、残りのつるのなかから長い順にオベリスクの空いた場所を覆うように配置していく。その際、細い枝をどんどん切り落とし、太くしっかりしたつるを使う。

同サイズの2本のつるは、どちらを残すか

同じような長さと太さのつるが近い場所に2本ある場合は、新しいほうを生かし、古いほうを切り取る。新しいつるは勢いがあり、古いつるの途中から伸び出ている場合が多い。

新しいつる　古いつる

残りのつるを誘引

長いつるから順に剪定しながら誘引をし、オベリスクの空いた場所を埋めていく。

余ったつるはつけ根から切る

オベリスク全体につるを配置し、これ以上誘引する場所がなくなったら余分なつるはつけ根で切る。

剪定＆誘引の作業完了！

オベリスクにまんべんなくつるが行き渡り、不要なつるがなくなり、すっきりとした姿になった。

基本 寒肥と土壌改良　適期＝12〜2月

剪定と誘引が終わったら、寒肥を施します。寒肥とは、休眠中の冬に有機質固形肥料を施す作業のことで、根の成長や芽出しを助けてくれます。あわせて腐葉土などを混ぜて土壌改良を行い、つるバラが春に向けてのびのびと育つ準備をしましょう。

用意するもの
腐葉土、有機質固形肥料（11ページ参照）、スコップ。

3　腐葉土と肥料を混ぜる
掘り上げた土に対して、その量の3分の1の腐葉土と、規定量の有機質固形肥料を加えて、スコップでよく混ぜる。

1　株のまわりを掘る
株元から30〜50cm離れた場所に同心円状に、深さ20cm、幅20cmの溝を掘る。

4　掘った溝にも腐葉土を入れる
溝にも土の表面が隠れる程度（厚さ2〜3cm）に腐葉土を敷き詰め土と混ぜる。

2　石を取り除く
掘り上げた土に、石が混じっていたら取り除く。

5　溝に土を戻して完了
③で腐葉土と肥料を混ぜた土を溝に戻し入れて完了。

つるバラの主な病害虫と防除法

株を充実させるためには、葉を少しでも多く残し、光合成で養分をたくさんつくれる状態にすることが大切です。環境を整えながら予防策を取り入れて、もしも病害虫が発生したら初期段階で速やかに治療をし、被害を最小限に抑えましょう。主な病害虫と発生時期、そしてそれぞれの防除法を紹介します。

つるバラの病害虫カレンダー

関東地方以西基準

	1	2	3	4	5	6	7	8	9	10	11	12
病気						黒星病			黒星病			
				うどんこ病					うどんこ病			
			根頭がんしゅ病									
					枝枯病（キャンカー）							
				べと病					べと病			
			灰色かび病（ボトリチス）									
害虫				アブラムシ類								
					ヨトウムシ類							
			バラシロカイガラムシ									
				チュウレンジハバチ								
					ハダニ類							
			クロケシツブチョッキリ（バラゾウムシ）									
				ゴマダラカミキリ								
				コガネムシ類								

病気

つるバラに発生する主な病害虫

病名	発生時期	症状・予防・対策
黒星病	6〜7月 9〜10月	[症状] 株の下方付近にある葉の表面に黒い斑点が現れて広がり、黄変して落葉する。放置すると周辺の株にも感染する。若い苗は抵抗力が弱く、感染すると枯死することもある。 [予防策] 夕方の水やりは避ける。株元の古い枝を切り、風通しをよくする。鉢植えは雨が当たらない軒下に移動させると効果的。 [対処法] 感染した葉と上下の葉、落ち葉を取り除く。感染株と周囲の株にもサプロール乳剤（トリホリン乳剤）などの薬剤を散布。それでもまん延する場合は3〜4日おきに連続3回散布。
うどんこ病	4〜6月 9〜11月	[症状] カビの仲間で蕾や花茎、新葉が粉を吹いたように白いカビに覆われる。感染が進んでも落葉しないが、生育を阻害する。 [予防策] 日当たりと風通しをよくする。チッ素分の多い肥料は控えめに。予防消毒が効果的。 [対処法] 感染した部位を取り除く。感染した株と周辺の株にもサルバトーレME（テトラコナゾール液剤）などの薬剤を散布。それでもまん延する場合は3〜4日おきに連続3回散布。
根頭がんしゅ病	通年	[症状] 根の一部がこぶのようにふくらみ、バラの栄養を奪い続け、樹勢が衰える。周辺にも感染する。 [予防策] 苗を購入するときに、株元をよく確認する。高温多湿にならないよう気をつける。 [対処法] こぶを取り除くか株ごと抜き取り、まわりの土も取り除く。菌が付着してほかの株への感染源になることもあるので、使用した道具は消毒する。

病気

病名	発生時期	症状・予防・対策
枝枯病（キャンカー）	5〜10月	**［症状］** 若い枝の一部に黄色から褐色の斑点が現れる。切り口やつぎ口などの傷から感染し、枯れ上がる。株全体に広がると病斑部から先の枝や花が枯死する。 **［予防策］** 日当たりと水はけをよくする。冬の剪定時に混み合った枝は切り取る。 **［対処法］** 発病した枝は、見つけしだいすぐに切り取る。
べと病	3〜6月 9〜11月	**［症状］** 初めは葉に淡い黄色の斑点が発生。症状が進むと淡い褐色に変わり落葉する。下葉から発生し、徐々に上方へ広がる。 **［予防策］** 日当たり、水はけをよくし、過湿にならないように気をつける。雨の前に予防薬を葉の表裏にまんべんなく散布する。 **［対処法］** 病斑部分を取り除く。鉢植えは植え替えて土も取り替える。サンケイエムダイファー水和剤（マンネブ水和剤）などの適用のある薬剤をなるべく早期に散布する。
灰色かび病（ボトリチス）	3〜12月	**［症状］** 花や茎が溶けるように腐り、病気が進行すると灰色のカビが花や葉、切り口、傷口に発生する。白花品種には赤い斑点、そのほかの花色には白い斑点が多数出る。 **［予防策］** 風通しをよくし、水のやりすぎに注意。花がらはこまめに切る。花びらに水をかけない。発生時期には定期的にベニカXファインスプレー（クロチアニジン・フェンプロパトリン・メパニピリム水和剤）などの薬剤を散布する。 **［対処法］** 枯れた部分にも病原菌が残っているので取り除く。

害虫

害虫名	発生時期	症状・予防・対策
アブラムシ類	4〜11月	[症状] 体長1mmほどの緑色や黒色の虫で、蕾や新芽、若葉などに集団でつく。汁を吸うときにウイルスを媒介して、排せつ物ですす病を誘発することもある。 [予防策] 反射光を嫌う性質があるので、株元にアルミ箔などを敷いたり、強い水のシャワーでアブラムシ類をはじき飛ばす。 [対処法] 繁殖力が強いので、根気よく防除。浸透性の高いスミチオン乳剤（MEP乳剤）などの薬剤を散布するか、根のまわりに浸透移行性の粒剤を散布する。
ヨトウムシ類	4〜11月	[症状] ガの幼虫で小さなうちは葉裏に群れ、葉を薄く透かす。土色のイモムシに成長し、日中は土の中に潜み、夜間に葉や花を食い荒らす。 [予防策] 見つけたら株元付近など地面を軽く掘り起こし、速やかに捕殺する。 [対処法] イモムシ類は大きくなると薬剤が効きにくくなるので、早めに見つけてアファーム乳剤（エマメクチン安息香酸塩）などの適用のある薬剤を散布する。
バラシロカイガラムシ	通年	[症状] 成虫は退治が難しい害虫の一つ。地際に近い枝に寄生して樹液を吸い、枝を覆うようにびっしりと白く繁殖する。新梢や新葉の出が悪くなり、枝枯れを起こす。 [予防策] 風通しをよくする。 [対処法] 数が少ないうちに歯ブラシなどでこすり落とす。幼虫は地面に落ちても生き延び、再発するので注意。適用のあるアクテリック乳剤（ピリミホスメチル乳剤）などの薬剤を株にまんべんなく散布し再発を防ぐ。

害虫

害虫名	発生時期	症状・予防・対策
チュウレンジハバチ	4〜11月	[症状] 翅が黒、腹部がオレンジ色の小さなハバチで、茎に卵を産みつけて、幼虫（写真）がふ化する。幼虫は葉に群れて張りつき、葉脈を残しながら食害する。 [予防策] 日ごろから観察を心がけ、小さいうちに捕殺する。 [対処法] 幼虫は大きくなると薬剤が効きにくくなるので、適用のある薬剤を早めに散布する。また、大量に発生した場合もGFオルトラン液剤（アセフェート液剤）などの薬剤を散布する。
ハダニ類	5〜11月	[症状] 葉裏から吸汁する小さな虫でクモの仲間。葉には針でつついたような白い斑点が残る。ひどい場合はクモの巣が張ったようになる。 [予防策] 風通しをよくし、定期的にシャワーなどで勢いよく水を葉裏にかける。風通しの悪い場所や雨が当たらない場所に発生しやすい。 [対処法] 見つけたら、すぐに駆除する。水に弱いので発生する葉裏に強めの水を当てる。粘着テープで取る方法やダニダウン水和剤（ミルベメクチン水和剤）などの薬剤散布で駆除する方法もある。
クロケシツブチョッキリ（バラゾウムシ）	4〜5月	[症状] 蕾や新芽、柔らかい茎に卵を産みつけてしおれさせる。蕾が黄色くなり、チリチリと焦げたように枯れたり、蕾がうなだれる。 [予防策] 株元にたまった葉や落ちた蕾を取り除いておく。 [対処法] 卵を産みつけられたら蕾ごと取り除く。増殖が早いので、ベニカXファインスプレー（クロチアニジン・フェンプロパトリン・メパニピリム水和剤）などの適用のある薬剤を早めに散布する。越冬するので冬までに駆除する。

害虫

害虫名	発生時期	症状・予防・対策
ゴマダラカミキリ 成虫 幼虫	5〜8月	[症状]　枝や幹の中に卵を産みつけ、ふ化すると1〜2年間木の中にいて、内部が空洞になるほど食いつくす。侵入口の穴から出る木くずのようなものは幼虫のふん。樹勢が衰え、枝が枯れる。 [予防策]　樹勢の衰えた枝に産卵する傾向があるため、樹勢を強くする。枯れ枝や樹皮が荒れている枝は剪定時に取り除く。 [対処法]　食害された場合は、穴にあるふんを取り除き、穴の中に園芸用キンチョールE（ペルメトリンエアゾル）などの薬剤散布をするか、中の幼虫を針金などで刺殺する。
コガネムシ類 成虫 幼虫	5〜8月	[症状]　成虫は光沢のある甲虫で花や蕾を食い荒らし、7〜8月に産卵する。幼虫は土中でふ化して根を食害し、バラに大きなダメージを与える。 [予防策]　鉢植えの用土を堆肥や肥料分が含まれていないものに替えると産卵が防げる。 [対処法]　成虫は見つけしだい捕殺するか発生時期に適用のあるベニカXファインスプレー（クロチアニジン・フェンプロパトリン・メパニピリム水和剤）などの薬剤を散布。幼虫は土中に潜んでいるので、鉢植えでは特に冬の植え替えで土を新しくし、駆除する。または、適用のあるベニカ水溶剤（クロチアニジン水溶剤）などの薬剤を株元に注いでしみ込ませる。

83

薬剤散布のポイント

薬剤を上手に使おう

　つるバラを無農薬で育てたいという方も、新苗を育てる場合は、1～2年目は薬剤を使用して病害虫からしっかりと守ってあげることが大切です。農薬のなかには、安全性を追求した天然物由来の薬剤もあります。そして丈夫な成木に育ててから、減農薬や無農薬に取り組むことをおすすめします。

薬剤の種類と使い方

　殺菌剤や殺虫剤、その両方の役割がある商品など、薬剤は昔から使われているものから新製品まで多種多様にあります。栽培するなかで、一番やっかいと感じる害虫や出やすい病気は地域や環境によって違うので、お近くの園芸店などで使い勝手がよいものを選びましょう。

殺虫殺菌剤の例
写真は病気の予防・治療のための殺菌剤と、植物につく害虫を退治する殺虫剤が一つになった、便利なスプレー。

殺虫剤の例
写真は害虫の予防・殺虫効果がある粒状タイプ。株元にまくことで殺虫成分を株が吸収し、害虫から株を守る。

薬剤散布は手袋とマスクを着用する。スプレータイプは使用する前に、中の液体が混ざるようによく振ってから噴霧。株から約30cm離れた場所から全体にまんべんなくかかるようにする。

噴霧器やスプレーで薬剤を散布する際は、葉全体にかかり、表裏に薬剤の皮膜ができるように散布するが、同じ株には2度がけはしない。

予防薬と治療剤

　殺菌剤には、病気にかからないようにする予防薬と、発生した病気がそれ以上に進行しないようにする薬剤があります。病気が発生してから予防薬を散布しても効果は出ませんし、逆も同様です。どちらを行うべきか理解して薬剤を使い分けましょう。また、薬剤散布の時間帯は、春から秋はなるべく風がない朝夕に、早春や晩秋は気温が上昇した午前中に行うとよいでしょう。

薬剤には必ず使用説明書がついている。そこに書かれている適用病害虫や使用する時期、使用濃度、使用回数などを守って用いること。

雨が降っても薬剤の効果はある

　梅雨や台風、秋雨など雨が降り続ける時期であっても、薬剤が無駄になることはありません。葉の裏側など雨にぬれにくいところは十分効果があるので、病害虫の症状を発見したら躊躇せずに散布をして早めに処置することが大切です。また、展着剤を加えれば雨でも流れにくくなります。

病害虫が発生しやすい6月の散布

　高温多湿となる6月は、病害虫の発生が多い時期です。発生してしまったら早めに対処しましょう。以下は、この時期に特に注意したい病害虫に効果がある薬剤の例です。適用のある成分が含まれた適用のある商品を選ぶとよいでしょう。

黒星病
【予防】DBEDC乳剤、キャプタン水和剤などを散布。
【治療】トリホリン乳剤、ミクロブタニル乳剤などを散布。

うどんこ病
【予防】DBEDC乳剤、TPN水和剤など。
【治療】トリフルミゾール水和剤、チオファネートメチル水和剤などを散布。

コガネムシ類
【対処】成虫には、クロチアニジン・フェンプロパトリン・メパニピリム水和剤のスプレーなど。幼虫には、クロチアニジン水溶剤を株元に灌注（注いでしみ込ませる）する。

バラシロカイガラムシ
【対処】幼虫が現れる6〜7月と8月下旬〜10月にクロチアニジン・フェンプロパトリンエアゾルを散布。

ゴマダラカミキリの幼虫
【対処】幹の内部を食い荒らしている幼虫には、ペルメトリンエアゾルを穴の中に噴射する。

＊薬剤の例は2018年3月現在

Q&A

つるバラの仕立て方や栽培上の悩み、品種についてなど、
いろいろな質問から特に数多く寄せられる質問や疑問にお答えします。

Q ベランダでつるバラは育ちますか？

ベランダは東向きで午前中しか日が当たりません。気に入った品種がつる性なのですが、育ちますか？

A 東南向きのベランダならば育ちます

つるバラは5時間以上、最低でも3時間は直射日光が当たる場所であることが栽培可能の条件です。条件を満たしていれば東向きでも大丈夫です。大型のプランターや12号以上の深鉢で育てれば、水分も保持でき、つるも伸びるでしょう。夏の照り返しが強いベランダでは、ポットフィートなどの台座を使用し、プランターを床から離しておきましょう。また、枯れ葉や花がら、土が風に飛ばされてしまうので、早めのお手入れをおすすめします。

一方、軒が深くて日がさし込みにくいベランダでは、日照不足で枝は軟弱になりがちです。また、鉢植えのため、根を伸ばすスペースが限られていることからも、新苗の使用よりもバラの専門店であらかじめ枝が長く育てられた長尺苗を使うのがよいでしょう。長尺苗は、株に力があるのでベランダで育てることができるでしょう。

もし日当たりが悪い場合は、樹勢が強い品種を選びましょう。一季咲き性の品種で春だけ見事に咲かせるか、四季咲き性の半つる性品種なら夏花を楽しむこともできます。

【ベランダにおすすめの品種】

'ラベンダー・ドリーム'
　（花色：紫がかったピンク）
'モーヴァン・ヒル'
　（花色：クリームイエロー）
'スノー・グース'
　（花色：白／ 14、27 ページ）
'コーネリア'
　（花色：ピンク／ 46 ページ）

ベランダの手すりに誘引することはできますか?

住宅街の一戸建てに住んでいます。地面に植えたつるバラを2階ベランダの手すりに絡ませてみたいです。注意する点や用意するものを教えてください。

A 可能です。植え場所に注意点があります

建物に近い場所は、地中に配管や基礎などが埋まっていることが多く、根が伸びるスペースが少ない場合があるので、必ずしも誘引する場所の真下に植える必要はありません。植えつける場所が建物に近いと、軒で雨が当たらず水切れすることもあります。

植えつけたらなるべく葉に日光が当たるように、まずは上へ伸ばします。シュートの先端付近にひもを縛り、つるの成長に合わせて2階から引っ張り上げて、少しずつ2階にたぐり寄せるとよいでしょう。

誘引と剪定作業のために、脚立を立てる場所も確保して植えましょう。

アーチは何年で花いっぱいになる?

アーチを花いっぱいにしたいです。待ちきれないので、早く伸ばす方法を教えてください。

A 条件がそろえば3年でアーチが完成

栽培条件がそろえば3年でアーチを覆うまでにつるを育てることができます。それにはふかふかの土と日光、温度、水、肥料、病害虫防除が不可欠です。
❶植えつけ時に土壌改良を行い、よい土にしましょう。
❷4〜10月の生育期の水やりを欠かさず、肥料も切らさないように。
❸葉を落とさないように病害虫防除。
この3つのポイントを押さえて日ごろの手入れを頑張りましょう。

Q 誘引場所のつくり方を教えてください

物置小屋の壁につるバラを這わそうと思うのですが、平らでひっかかりがありません。つるを絡ませる場所はどうやってつくるといいですか？

A ネジとワイヤーを利用しましょう

木製の壁などクギを打ちつけられる素材なら、木ネジをドライバーでねじ込み、そこへワイヤーを渡すと広い面積につるを自由に留めることができます。

ホームセンターなどで販売しているアンカーボルトとネジを利用すれば、レンガやコンクリートブロックにもワイヤーを張ることができます。ワイヤーの太さは1.6mm、ネジを打ち込む上下のすき間は30cm程度、ワイヤーを固定する隣り合うネジの間隔は1m程度がよいでしょう。

壁面の誘引場所のつくり方

用意するもの
木ネジ、アンカーボルト、ワイヤーのほかに、電動ドリルやドライバー、ペンチも用意。

木ネジを直接ねじ込むか、アンカーボルトが入る穴を電動ドリルであける。

木ネジの場合も、アンカーボルトにネジを入れる場合も8mm程度浮かせる。

ワイヤーをひねってネジに留めつける。

ネジとワイヤーの間隔

上下のすき間 30cm / ネジの間隔は1m。横にワイヤーを張る

Q&A

Q つるを壁面に誘引したいけれど穴をあけたくない

家の外壁に直接クギを打ち込むのには抵抗があります。でも、壁一面につるバラが咲く風景には憧れます。何かいい方法を教えてください。

A トレリスやラティスを活用

住宅の外壁に穴をあけずに誘引場所をつくるには、市販のトレリスやラティスを活用するとよいでしょう。高さ2〜2.5m、幅1m程度のものがおすすめです。広い誘引スペースにする場合は何枚か並べるとよいでしょう。

外壁付近の土の下は大抵の場合、住宅の基礎があり穴を掘ることができないので、外壁から50〜100cmほど離して設置します。トレリスなどの構造物の脚をしっかり固定するために、穴をあけた場所に底を抜いた空き缶などを入れ、その中にトレリスの脚を入れたら速乾性のモルタルを入れて固定します。この脚の固定方法は、大型のオベリスクやアーチなどの設置の際にもぜひ行ってください。つるバラは伸びると意外と重量があるので、しっかりとつるを支えられる誘引場所を用意する必要があります。台風や雪の重みなどでも構造物は傾くことがあるので、脚をしっかり固定することも、つるバラを育てるために必須の作業です。

外壁と平行にトレリスを立てる

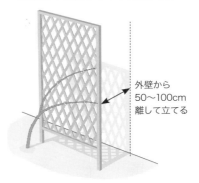

外壁から50〜100cm離して立てる

トレリスの脚を地中に固定する方法

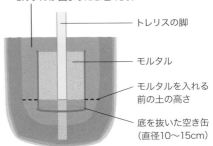

- 最初に大きく土を掘っておきモルタルが固まったら埋め戻す
- トレリスの脚
- モルタル
- モルタルを入れる前の土の高さ
- 底を抜いた空き缶（直径10〜15cm）

モルタルは、水を混ぜるだけで使える商品があり、ホームセンターなどで入手できる。

フェンスを設置してつるバラを這わせると見せたくない場所の目隠しにもなる。

フェンス沿いに何株か植える場合は、何m間隔？

長いフェンスを覆うように、何種類かのつるバラを並べて植えたいです。どんなつるバラを選ぶといいですか？また、何m離す必要がありますか？

 樹高と株張りを確認し2〜3m離します

つる性のバラには、比較的まっすぐ上に伸びる「直立性」と、横に広がって伸びる「横張り性」、そのどちらの性質もある「半直立性」があります。品種によって伸びて広がる幅はそれぞれ違います。苗についたラベルや書籍、カタログなどに表示されているサイズを参考にしながら、フェンスのサイズに合わせて選びましょう。基本的には、2〜3mに1株の間隔でよいでしょう。

 とげのないつるバラはありますか？

剪定や誘引をするときにとげが怖くて作業が進みません。また、小さな子どもがいるので、ケガが心配です。とげのないつるバラはありますか？

 あります。10種類ご紹介します

とげの少ない、もしくは、あまりとがっていないとげのつるバラがあります。以下の種類を参考に、好みの花を安心して育ててください。
'つるサマー・スノー'（花色：白）
'スプリング・パル'（花色：ピンク）
'ゼフィリーヌ・ドルーアン'
　（花色：ローズ）
'ゴールデン・リバー'（花色：黄）
キモッコウバラ（花色：黄／30ページ）
モッコウバラ（花色：白／30ページ）
'ギスレヌ・ドゥ・フェリゴンドゥ'
　（花色：黄）
'玉鬘（たまかずら）'（花色：ピンク）
'紅玉（こうぎょく）'（花色：赤）
'珠玉（しゅぎょく）'（花色：オレンジ）

 誘引時に、なぜ枝を寝かせるの？

冬の誘引作業のとき、枝を寝かせて誘引する理由を教えてください。

頂芽優勢の性質を生かして花をふやします

枝の先端に養分が集中し、高い位置の芽ほど勢いよく伸びる「頂芽優勢（ちょうがゆうせい）」の性質を生かして、花をたくさん咲かせるテクニックです。つるの先端を地面と水平に、横に寝かせると、枝の芽の力がそろうことで、花つきをよくすることができます。

Q つるバラはどれも長く伸びますか？

2階の屋根までバラが咲く家を見かけました。つるバラはどこまで伸びるのでしょうか？ 屋根に登ってしまったつるは水切れしないのでしょうか？

A 品種や環境によって長さが異なります

つるが伸びる長さは品種によって異なり、長いものでは4m程度。苗についているラベルなどに書かれた寸法は、地際からの最高伸長で、あくまでも目安です。また、日当たりや気温、水量でも長さは変わります。伸ばし続けていれば、倍以上伸ばせることもありますが、つるを新旧で更新する作業を考えるとあまり現実的ではありません。屋根に登るほど長く伸びても、基本的に水切れはしないでしょう。

Q 公道に面した柵につるバラを咲かせる注意点は？

ご近所で、公道沿いの柵につるバラを咲かせている家があり、通りかかる人たちがうれしそうに眺めているのを見て私もチャレンジしたくなりました。どんな品種を選ぶといいですか？

A とげが少ない品種を選びましょう

通行人に安全なのはとげが少ないつるバラです。'つるサマー・スノー'や'玉鬘（たまかずら）'、キモッコウバラなどのとげが少ないバラを選ぶとよいでしょう（90ページ参照）。

日ごろから手入れをして、枝が公道に飛び出ないように誘引ができるならば、とげのことはあまり気にしなくても大丈夫です。また、花びらが散りにくい'ラウプリッター'（21ページ参照）や、'レオナルド・ダ・ヴィンチ'なら道路掃除の頻度が少なくてすみます。

NP-T.Narikiyo

NP-Y.Itoh

Q 誘引ひもの縛り方を教えてください

何本も伸びるつるをひもで固定していると縛るのもひと苦労です。作業をしているうちにひもも絡まって、思うように進みません。プロの方はどうやって縛っているのか知りたいです。

A ひもが長いまま素早く縛る方法

麻ひもや荒縄、ビニールタイなどを一回一回使う分の長さに切らずに、片側が長いままでも素早くつるを固定することができる縛り方があります。また、太く堅いつるは、急激に太ることはないので、ひもにはしっかり固定できる荒縄がおすすめです。これから太る可能性がある若い枝には、柔らかいビニールタイを使い、少しゆるく縛ります。

手順

1 左手に短くひもを持ち構造物とつるを一緒に二重に巻く。

2 左手の短いひもを、右手の長いひもの下にくぐらせる。

3 右手の長いひもで短いひもを下から囲むように輪をつくる。

4 右手の輪を左手に持ち替えながら、❸の輪の中に、右手の短いひもを上から通す。

5・6 右手の短いひもを持ったまま、左手の長いひもを引くと縛ることができる。

ビニールタイを使うときも、右の結び方なら作業が早く進む。誘引中の仮留めや、夏のシュートの仮留めもビニールタイを使うと楽。

オベリスクを仕立てるとき株の植え場所は？

庭のフォーカルポイントとして、つるバラのオベリスク仕立てにチャレンジしたいです。気をつけることは？

庭植えは外側に鉢植えは中心に

庭植えの場合は、オベリスクの外側に30〜50cm離して植えましょう。直径50cm、高さ2.5m以下のオベリスクなら1株で十分です。大輪系は直径80cm以上のオベリスクのほうがつるを巻きやすいでしょう。鉢植えの場合は、毎年植え替えるので中心に植えます。つるバラの場合、誘引する際に作業がしやすいように、格子が広く手が通るオベリスクが適しています。

下方に花が咲かない。どうすればよい？

枝が古くなって下からシュートが出てこないので、株の下方に花が咲きません。どうすればよいですか？

上方の枝を減らし土壌改良を

つるバラは上へ上へと伸びていく性質です。上方にたくさんの枝を出すと下方へは水分も栄養も回らず、日陰にもなるのでシュートが出にくくなります。思いきって上方の枝を減らすと下から新しい枝が出やすくなります。また、冬にしっかりと株まわり1mの範囲を耕し、土壌改良をしましょう。根が切られて水分が行き渡れば、土中では勢いよく新しい根が出て、シュートも出やすくなります。

寒さに強い品種と冬越しの方法を知りたい

最低気温が−10℃になる地域に住んでいます。寒さに強いつるバラと冬越しの注意点を教えてください。

寒さに強い品種も冬越しに注意

植えつけてまもないつぎ木のつるバラは、−10℃以下になると根が枯死しがちです。できるだけ深く土を掘り、軟らかく土壌改良してから植えつけます。初めて迎える冬は、バークチップや腐葉土を株元に敷くなどマルチングをしたり、不織布で枝を保護したりする（58ページ参照）とよいでしょう。

枝が堅く締まったつるバラは、寒さに強く丈夫です。寒さに強い品種は、'ニュー・ドーン'、'アルベルティーヌ'、'ポールズ・ヒマラヤン・ムスク'、'スパニッシュ・ビューティ'、'シティ・オブ・ヨーク'、ロサ・ガリカ系などがあります。

Q つるバラの寿命は長いですか？

サクラの木やオリーブの木など、木はとても長生きする印象ですが、つるバラは長生きですか？

A 剪定で新旧交代させれば長生きします

山梨県の富士温泉病院の庭では、45年以上前に植えられたつるバラが、今もアーチに花を咲かせてくれます。じつはこの株、数年前まで新しいシュートが出ずに、花も少なくなっていました。そこで、表皮もでこぼこして芽があるのか疑いたくなる古い枝を、数本株元付近で思いきってバッサリ切り、さらには周囲の地面を掘り返して土壌改良をしました。すると、翌春には新しいシュートが吹き出したのです。栽培初心者は、太く堅そうな枝を残したがるものですが、新しい枝があるならば、その枝を育てて古い枝を切り、更新をし続ければ、100年生きる可能性がある植物です。

Q 日陰でつるバラは育ちますか？

日陰で日照時間が4～5時間でも育つつるバラはありますか？

A 日陰でも育つ品種は何種類かあります

まず、日陰に植える際に以下の4つに気をつけましょう。
❶水はけがよい土にする。
❷1.5m以上に伸びてから庭に植える。
❸風通しをよくする。
❹病気の予防をする。

つるバラのなかでも枝がしなやかで、伸長力が強いランブラー系は日陰でも咲かせやすいです。品種は以下のとおりです。
オールドローズ
（原種、ダマスク系、ガリカ系、ノワゼット系）
'アリスター・ステラ・グレー'
　（花色：アプリコット色）
'つるアイスバーグ'（花色:白／26ページ）
'ギスレヌ・ドゥ・フェリゴンドゥ'
　（花色：淡アプリコット色～白）
'シティ・オブ・ヨーク'（花色：白）
'ニュー・ドーン'（花色：淡ピンク）
'アルベリック・バルビエ'
　（花色：アイボリー／31ページ）
'ペネロペ'（花色：白～淡ピンク）
'ブラッシュ・ノワゼット'（花色:淡ピンク）
'プロスペリティ'（花色:白／27ページ）
などがあります。

品種名索引

＊太字は樹高別おすすめのつる&半つる性品種で紹介しています。

あ行

アリスター・ステラ・グレー　94
アルバ・セミプレナ　26
アルベリック・バルビエ　31, 94
アルベルティーヌ　93
ウルマー・ミュンスター　58
オデュッセイア　24
オリーブ　25

か行

ガートルード・ジェキル　50
ギー・サヴォア　24
ギスレヌ・ドゥ・フェリゴンドゥ　90, 94
キモッコウバラ　30, 40, 90, 91
グラハム・トーマス　22
クリスティアーナ　21
紅玉（こうぎょく）　90
コーネリア　46, 86
ゴールデン・ウィングス　48
ゴールデン・リバー　90

さ行

ザ・ウェッジウッド・ローズ　21
ザ・ジェネラス・ガーデナー　21
サハラ '98　22
サラマンダー　24
シティ・オブ・ヨーク　93, 94
ジャクリーヌ・デュ・プレ　26
珠玉（しゅぎょく）　90
シンデレラ　28
スノー・グース　14, 27, 86
スパニッシュ・ビューティ　93
スプリング・パル　90
ゼフィリーヌ・ドルーアン　90

た行

ダブリン・ベイ　25
玉鬘（たまかずら）　90, 91
チェビー・チェイス　33
つるアイスバーグ　26, 94
つるサマー・スノー　90、91
つるジュリア　17, 23
つるヒストリー　29
つるポンポン・ドゥ・パリ　6, 73
つるローズうらら　29

な行

ニュー・ドーン　93, 94
ノイバラ　57

は行

バタースコッチ　23
ハニー・キャラメル　67
バフ・ビューティ　23
春がすみ　15
パレード　24
バレリーナ　15, 29
ピエール・ドゥ・ロンサール　16, 20, 62
ファイルヘンブラウ　31
フェリシア　48
フェリシィテ・エ・ペルペテュ　60
ブラッシュ・ノワゼット　94
フランソワ・ジュランヴィル　31
ブラン・ピエール・ドゥ・ロンサール　1, 42
プロスペリティ　27, 94
ペネロペ　94
ポールズ・ヒマラヤン・ムスク　17, 93
ボビー・ジェイムズ　31, 57
ホワイト・ドリーム・ウィーバー　22

ま行

マリー・パヴィエ　5
芽衣（めい）　32
モーヴァン・ヒル　86
モッコウバラ　30, 90

や行

雪あかり　32
夢乙女（ゆめおとめ）　16, 32

ら行

ラウプリッター　21, 91
ラベンダー・ドリーム　86
ルイーズ・オディエ　68
ル・ポール・ロマンティーク　28
レイニー・ブルー　29
レオナルド・ダ・ヴィンチ　91
レッド・キャスケード　32
ロココ　23
ロサ・カニーナ　57
ロサ・グラウカ　57
ロサ・ケンティフォーリア　28
ロサ・バンクシアエ・ノルマリス　30
ロサ・バンクシアエ 'ルテスケンス'　30

後藤みどり（ごとう・みどり）

バラ栽培家。日本ルドゥーテ協会代表理事。山梨県にてバラ専門ナーセリー「コマツガーデン」を経営。小学生のころから家業のバラ苗販売を手伝い、1990年に代表を継承したあとはオールドローズとイングリッシュローズを中心に自社生産と販売を行う。直営店「ROSA VERTE（ロザヴェール）」や主宰するバラ教室には全国から愛好家が足を運ぶ。『大地に薫るバラ』（草土出版）、『はじめてのバラづくり12か月』（家の光協会）など著書多数。

NHK 趣味の園芸
12か月栽培ナビ⑧
つるバラ

2018年4月20日　第1刷発行
2023年4月5日　第4刷発行

著　者	後藤みどり
	©2018 Goto Midori
発行者	土井成紀
発行所	NHK出版
	〒150-0042
	東京都渋谷区宇田川町10-3
	TEL 0570-009-321（問い合わせ）
	0570-000-321（注文）
	ホームページ
	https://www.nhk-book.co.jp
印刷	凸版印刷
製本	凸版印刷

ISBN978-4-14-040281-8　C2361
Printed in Japan
乱丁・落丁本はお取り替えいたします。
定価はカバーに表示してあります。
本書の無断複写（コピー、スキャン、デジタル化など）は、著作権法上の例外を除き、著作権侵害となります。

表紙デザイン
岡本一宣デザイン事務所

本文デザイン
山内迦津子、林 聖子
（山内浩史デザイン室）

表紙撮影
今井秀治

本文撮影
桜野良充
伊藤善規／今井秀治／大泉省吾／
上林徳寛／竹前 朗／田中雅也／
筒井雅之／成清徹也／福岡将之／
福田 稔／牧 稔人／丸山 滋

イラスト
楢崎義信
タラジロウ（キャラクター）

校正
安藤幹江／高橋尚樹

編集協力
倉重香理

企画・編集
渡邉涼子（NHK出版）

取材協力・写真提供
コマツガーデン
安藤紀子／安仲麗子／イングリッシュローズガーデン／大須賀由美子／小澤楽邦・純子／小高静子／加藤靖子／神奈川県立フラワーセンター大船植物園／軽井沢レイクガーデン／河合伸志／川生 修・陽子／木村とみ／銀河庭園／草間祐輔／京王フローラルガーデン アンジェ／京成バラ園芸／京阪園芸／ザ・トレジャーガーデン館林／竹花靖子／土屋 悟／デビッド・オースチン・ロージズ／ハウステンボス／服部孝子／服部初子／バラの家／ひらかたパーク／富士温泉病院／実野里フェイバリットガーデン／横浜イングリッシュガーデン／花フェスタ記念公園

Climbing Rose

NHK 趣味の園芸

12か月栽培ナビ

アジサイ
Hydrangea

川原田邦彦
Kawarada Kunihiko

NHK出版